设施蔬菜周年

高效生产模式与配套技术

乜兰春　申书兴　主　编

金盾出版社

本书分别介绍了高效日光温室、普通日光温室、临时后墙日光温室、塑料大棚、盖苫塑料大棚、塑料中小拱棚及露地的47种蔬菜周年高效生产模式与配套技术。为方便读者学习应用，书中介绍的每一种高效生产模式都有实际案例，配套技术均按生产流程来编写，其设施、生产模式与配套技术具有先进性和实用性。本书可作为农村基层技术人员、蔬菜园区（企业）、家庭农场、种植大户制定周年生产计划及进行蔬菜优质安全高效生产的参考和依据，也可作为新型农民职业技能培训教材。

图书在版编目(CIP)数据

设施蔬菜周年高效生产模式与配套技术/乜兰春，申书兴主编．—北京：金盾出版社，2015.10
ISBN 978-7-5186-0528-6

Ⅰ.①设…　Ⅱ.①乜…②申…　Ⅲ.①蔬菜园艺—设施农业
Ⅳ.①S626

中国版本图书馆CIP数据核字(2015)第215748号

金盾出版社出版、总发行

北京太平路5号(地铁万寿路站往南)
邮政编码:100036　电话:68214039　83219215
传真:68276683　网址:www.jdcbs.cn
封面印刷:北京印刷一厂
正文印刷:北京万博诚印刷有限公司
装订:北京万博诚印刷有限公司
各地新华书店经销
开本:850×1168 1/32　印张:7.125　字数:171千字
2015年10月第1版第1次印刷
印数:1～8 000册　定价:22.00元

设施蔬菜周年高效生产模式与配套技术编委会

主　编

乜兰春　申书兴

编写人员

王培全	宋立彦	王秀琴	杨金龙	魏风友
李青云	狄政敏	常永辉	苏俊坡	龚贺友
赵俊杰	郑　蒙	康占军	王建威	刘胜海
郑红伟	李振举	卢　阳	刘宝龙	蒋玉奎
车寒梅	张淑敏	张胜平	刘晓霞	罗春青
石琳琪	郭敬华	赵春年	白凤虎	陶国峰
赵振林	刘　阳	乜兰春	赵桂敏	郝素芳
杨世丽	孟瑞青	齐迎斌	李博文	王明秋
闫立英	范妍芹	赵帮宏	陈全兴	闫凤岐

蔬菜产业是调整农业产业结构，促进农业增收、农民致富的主渠道，是农民劳动就业和致富的支柱产业。河北省作为蔬菜生产大省，蔬菜生产规模总量居全国前列。全省形成了张承地区夏秋错季菜、环京津地区精特菜、冀东地区设施果菜、冀中地区温室大棚菜、冀南地区中小棚菜五大优势生产基地。蔬菜产业产值始终位居种植业首位，占种植业总产值的50%左右，是种植业中带动农民增收的主渠道。

蔬菜产业也是效益与风险并存的产业。在传统农业向现代农业转变的大背景下，河北省蔬菜产业也正经历着由蔬菜大省向蔬菜强省的跨越，实现这种跨越也面临着一些问题与挑战。如设施抵御自然灾害能力差，资源利用效率低，集成度高的标准化技术少等，这些问题正影响和制约着蔬菜产业的升级与发展。

针对上述问题，2013年河北省启动了现代农业产业技术体系蔬菜创新团队建设。团队围绕制约蔬菜产业发展的关键和共性技术问题，以安全、优质、高产、高效、生态为主攻方向，通过自主研发、技术集成、试验示范，构建并推广适用、实用的蔬菜优质高效生产集成配套技术。

本书所介绍的47种蔬菜周年高效生产模式与配套技术，是河北省现代农业产业技术体系蔬菜创新团队在总结提炼河北省不同气候区域、不同优势产区和不同设施周年高效生产模式的基础上，通过新品种、新技术、新产品等的技术集成而形成的，其设施、生产模式与配套技术具有先进性和实用性。本书可作为农村基层技术人员、蔬菜园区（企业）、家庭农场、种植大户制定周年生产计划及进行蔬菜优质安全高效生产的参考和依据，也可作为新型农民职业技能培训教材。

本书编写过程中得到了很多基层农技推广人员、园区、企业、合作社及种植大户的大力支持，在此一并致谢！另外，本书不足之处，敬请读者指正。

编 著 者

目　录

第一章 日光温室篇

第一节 高效日光温室结构类型与性能特点

一、结构类型

高效日光温室应满足冬季生产喜温蔬菜的要求。河北省不同区域气候差异比较大,不同地区应根据各自气候特点建造适宜本区域的高效日光温室。以下为推荐结构类型。

(一)农大Ⅲ-8型和农大Ⅲ-9型日光温室

适于河北省除张家口、承德地区以外的大部分地区。农大Ⅲ-8型日光温室的规格:温室方位为正南或南偏西5°,跨度8米;脊高4.25米;长度60～120米;后墙底部厚度5米,上部2米;山墙底部厚度4米,上部1.5～1.8米;后墙内部高度3.1米。后坡长度1.75米,后坡仰角40°,后坡水平投影0.55米,温室下挖70厘米。

农大Ⅲ-9型日光温室的规格:温室方位为正南或南偏西5°,跨度9米;脊高4.8米;长度60～120米;后墙底部厚度5米,上部2米;山墙底部厚度4米,上部1.5～1.8米;后墙内部高度3.5米。后坡长度2米,后坡仰角40°,后坡水平投影0.65米,温室下挖70厘米。

农大Ⅲ-8型和农大Ⅲ-9型的墙体均为机械压实的土墙。后坡由内到外依次为苇箔、薄膜包一层草苫、20～30厘米厚干土。

前屋面为钢管和钢筋焊接的钢架或钢竹混合骨架，全钢骨架形状为半拱圆形，骨架间距 90 厘米。骨架上弦为 ϕ32 毫米×2.75 毫米钢管，下弦为 ϕ26.8 毫米×2.5 毫米钢管，上下弦钢管内侧距离 20 厘米。腹杆为 ϕ12 毫米圆钢。前屋面设 3～5 道纵向拉杆，拉杆采用 ϕ26.8 毫米×2.75 毫米钢管。后坡每隔 8～10 厘米用 ϕ4.0 毫米钢丝纵向连接骨架。在温室后坡下面每隔 2.7 米设水泥立柱 1 根。立柱顶部稍向北倾斜，立柱与地面夹角 82°。水泥立柱截面为 10 厘米×10 厘米。前屋面外侧覆盖双层稻草苫或 1 层保温被加 1 层稻草苫。钢竹混合骨架每隔 2.7 米设 1 道钢架。钢架规格同上，每两个钢架之间设 5 道竹竿，竹竿间距 45 厘米，竹竿大头直径 6 厘米。钢架上弦外侧也固定 1 道竹竿。在前屋面钢架的上弦上固定 ϕ4 毫米东西向钢丝作纵向拉筋连接骨架，拉筋钢丝间距 25～30 厘米。

（二）平泉Ⅰ型日光温室

适于河北省张家口和承德坝下及气候相似地区。平泉Ⅰ型日光温室的规格：跨度 7.5～8 米；脊高 3.8～4 米；长度 60～90 米；墙体底部厚度 1.5 米，上部 1.2 米，底部外侧堆防寒土厚度 2～3 米；后墙高度 3.3～3.5 米。后坡长度 1.8 米，后坡仰角 30°，后坡水平投影 1 米，温室不下挖或下挖 50 厘米。

墙体用土袋砌成，墙体内侧抹草泥。后坡内部为 5 厘米厚水泥板，外侧抹草泥。前屋面为钢筋焊接的钢架，钢架间距 75 厘米，上下弦均为直径 12 毫米的钢筋，拉杆为 4″或 6″钢管。后坡下设 1 排水泥立柱，前屋面骨架下方设 3 排立柱，东西方向立柱间距 3 米，水泥立柱截面为 12 厘米×4.4 厘米。前屋面外侧覆盖保温棉被，保温被重量不低于 2 千克/米^2。

（三）武优Ⅲ型日光温室

适于冀南如邯郸、邢台及气候相似地区。武优Ⅲ型日光温室的规格：跨度 10～12 米；脊高 3.8～4.3 米；墙体底部厚度 5～6

米，上部2～3米；后墙内侧高度3.8米。后坡长度1.1米，后坡仰角70°，后坡水平投影0.25米，温室下挖60～80厘米。

墙体均为机械压实的土墙。后坡内部为薄膜包一层稻草苫，上填50厘米厚玉米秸，盖土20厘米厚。前屋面为钢竹混合骨架，骨架结构同农大Ⅲ-8型和农大Ⅲ-9型日光温室。前屋面外侧覆盖双层稻草苫。

二、性能特点

12月下旬至翌年1月下旬晴天室内最低温度不低于10℃。冬季连阴天7天以内室内最低温度不低于5℃。温室内部水平方向温差较小。后墙90%以上区域全天可见光，栽培床90%以上区域全天可见光。前后排温室之间不遮光。

三、配套装备

（一）卷帘机

长度不超过60米的温室配卷帘机1台；长度超过60米的温室，长度每增加40米，则增加卷帘机1台。

（二）自动放风及环境监控系统

为实现省工省力化生产，有条件的规模化园区建议安装温室自动放风系统和环境自动监控系统，实现环境调控自动化和信息化。

（三）水肥一体化装备

有条件的应安装水肥一体化装备，包括水泵、施肥系统、过滤系统和输水管网。其中，施肥系统采用文丘里施肥器，过滤系统采用叠片式滤网。输水管网由输水主管、输水支管和微喷灌溉带组成，有条件的还可在温室内建造蓄水池。

（四）补光灯

近年来冬季雾霾天严重，光照成为制约冬季温室生产的主要因子之一，人工补光成为保证冬季温室蔬菜生产的重要措施。因此，提倡在温室前屋面下方安装生物补光灯，补光灯间距3～4米，吊挂高度为距生长点1.5米处。

第二节　高效日光温室高效生产模式与配套技术

一、全年一大茬黄瓜

（一）高效实例

该模式是河北省承德市平泉县、承德县、滦平县、宽城县、双滦区、双桥区等地一种成熟的日光温室高效栽培模式。一般每667米^{2}产量20 000～25 000千克，扣除种子、农药、肥料、棚膜、保温被或草苫（折旧）等农资成本约8 500元，在不计人工成本和温室折旧的情况下，每667米^{2}产值3.5万元以上。

该模式在廊坊市永清县、固安县等地已有多年种植历史。一般每667米^{2}年产量达15 000～20 000千克，扣除种苗、肥料、农药、棚膜、保温被或草苫（折旧）等农资成本约1.68万元，每667米^{2}产值可达4万元以上。

（二）茬口安排

在河北省承德市的上述地区9月上中旬播种育苗，9月下旬嫁接，10月中下旬定植，11月中下旬开始采收，翌年6月拉秧，7～8月份深翻，晒地休闲。

河北省廊坊地区10月上旬黄瓜嫁接育苗，11月上旬定植，12月中下旬开始采收，翌年1月下旬进入盛收期，2月下旬至5月上旬是黄瓜产量高峰期，6月下旬至7月上旬，根据市场价格决定拉秧时间。

(三)黄瓜生产关键技术

1. 品种选择 选择耐低温、高湿、弱光，长势强，抗病性强，不易早衰的品种。在承德地区可选用如津优35、完美一号、佳美、冬峰、绿星1号等密刺类黄瓜品种，廊坊地区可选用津优35、冬丽519、完美八号、津春3号等。

2. 购买或自育嫁接苗

(1)购买优质嫁接苗 建议到正规集约化育苗场购买优质嫁接苗。特别是河北省廊坊市集约化育苗发展很快，有多家专业化、集约化育苗场，采用50孔或72孔穴盘利用基质育苗，规范管理，均可达到壮苗标准。可根据定植时间安排，提前订购幼苗，也可自带种子委托苗场育苗。商品苗壮苗标准：具有3叶1心，叶色浓绿，生长健壮，无病虫害；顶插接或贴接法嫁接，嫁接口愈合完全，根系发达，并将基质缠绕，从穴盘中取出时不散坨。

(2)自育嫁接苗

①种子处理 选用白籽或黄籽南瓜作砧木。砧木提前4～5天播种，出苗后，再播黄瓜。种子处理也依次进行。包衣种子直接播种。未包衣种子，先温汤浸种，将种子置入55℃温水中，不断搅拌，保持55℃水温15分钟。再在常温下浸泡4～6小时。将种子淘洗干净后用干净的湿毛巾包裹，在25℃～28℃条件下催芽，70%种子露白时即可播种。

②播种 在配备防虫网和遮阳网的日光温室内，用营养钵或50孔穴盘播种育苗。

营养钵育苗。将充分腐熟的有机肥与非瓜类地块田园土分别过筛，园土与有机肥按7∶3的比例充分混匀，每立方米添加氮、磷、钾比例为15∶15∶15的复合肥1.5千克，加杀菌剂70%丙森锌可湿性粉剂100克或50%多菌灵可湿性粉剂100克，混匀后覆盖薄膜密闭5～7天，揭膜后晾3～5天，无气味后将大部分营养土装入10厘米×10厘米营养钵，浇足水，水渗后播种南瓜，每钵1粒。剩余的少量营养土铺在苗床内，厚度10厘米，在砧木出苗后播种黄瓜。播前浇足水，水渗后，撒播黄瓜种子。播种后及时覆盖1～1.5厘米厚的过筛细土。

穴盘育苗。需购买优质育苗基质，用50孔方孔穴盘培育砧木苗，平底育苗盘内培育黄瓜苗。育苗盘内装好基质后浇透水，水渗后将南瓜种子点播于穴盘内，每穴1粒。黄瓜种子撒播在平底育苗盘内。播后覆1.5厘米厚基质。

③**播后管理** 播后覆盖地膜保温、保湿，白天温度28℃～32℃，夜温18℃～20℃。50%种子出土时揭去地膜，白天22℃～25℃，夜间12℃～15℃；不旱不浇，如旱可在晴天中午洒水，严禁浇大水，浇水后注意通风排湿。

④**嫁接** 采用顶插接法，砧木第一片真叶展平，接穗子叶充分展开、真叶露心为适宜嫁接时期。育苗床提前1天浇足水，嫁接夹用70%代森锰锌可湿性粉剂500倍液浸泡消毒40分钟，捞出晾干待用。嫁接时，甲、乙两人配合，甲取砧木并用竹(钢)签去掉其生长点，然后从砧木一侧子叶的基部呈45°角向幼茎另一侧斜插至皮层；同时，乙取接穗并在距子叶0.5～1厘米处将幼茎削成单面楔形，递给甲；甲将插入砧木的竹(钢)签拔出，将削好的接穗切面向下插入，接穗子叶与砧木子叶呈“十”字形交叉。

⑤**嫁接后的管理** 嫁接苗整齐摆放于小拱棚内，前3天，温度白天保持25℃～30℃，夜间18℃～20℃，空气相对湿度95%～98%，并适当遮阴。嫁接后4～6天白天温度降至25℃～28℃，夜间16℃～17℃，空气相对湿度85%～90%，只中午遮光。7天后进入正常管理，白天22℃～28℃，夜间12℃～14℃，逐步撤掉小拱棚，用70%丙森锌可湿性粉剂500倍液喷洒1次，以防苗期病害发生。结合喷药，加入少量叶面肥，确保嫁接苗健壮。还应将南瓜长出的侧芽及时去掉。幼苗3～4片真叶时可定植。定植前2天，苗床内喷施25%嘧菌酯悬浮液1 500倍液和70%吡虫啉可湿性粉剂7 500倍液防病防虫。

3. 定植前准备

(1)棚室消毒与施肥整地

①高温闷棚　首次种植的温室可直接施肥整地。连作温室最好进行高温闷棚。方法是7～8月份清除前茬后，在土壤表面依次按每667米^{2}铺撒粉碎作物秸秆1 000～3 000千克、充分腐熟的有机肥10 000～12 000千克、尿素15千克、生物菌剂8千克（有的生物菌剂需要按使用说明提前激活），然后深翻25～40厘米，整平做畦，浇水使土壤相对湿度达85%～100%，覆盖地膜，密闭棚膜（此时最好用上茬的旧膜）25～30天。定植前5～10天，将棚膜、地膜揭开，晾晒备用。每667米^{2}基肥中再加入氮、磷、钾比例为15∶15∶15的复合肥约40千克，过磷酸钙25千克。翻耕后做成高0.2米、宽0.8米、沟宽0.5米的高垄畦。每畦安装2排滴灌管，或在畦面中间开浇水沟。

②熏蒸消毒　前期未进行高温闷棚的也可在定植前每667米^{2}棚室用硫磺粉2～3千克，加80%敌敌畏乳油0.25千克拌上锯末，分堆点燃，然后密闭棚室1昼夜，经放风，无气味时再定植。

③秸秆反应堆　秸秆生物反应堆具有显著的增加二氧化碳、提高地温和改良土壤效应，建议有条件的应用。具体操作如下：棚室消毒和施足基肥后，在种植行下开沟，沟宽和长度与种植行相等，沟深30厘米左右，起土分放两边，向沟内填加秸秆（无须粉碎），铺匀踏实，厚度30厘米，沟两头露出10厘米秸秆茬，以便通空气，每667米^{2}秸秆用量4 000～5 000千克。填完秸秆后，菌种用量按每667米^{2}8～10千克均匀撒在秸秆上，用铁锹拍振一遍后，把起土回填于秸秆上，之后浇水湿透秸秆，2～3天后，找平起垄，之后定植。盖膜后，按20厘米间距，用12$^{\#}$钢筋打孔，孔深以穿透秸秆层为准。

(2)覆盖棚膜和设置防虫网　定植前将旧棚膜撤下，换成新棚膜，应选用大厂家有质量保证防雾流滴性好的乙烯-醋酸乙烯(EVA)长寿膜或聚烯烃(PO)膜。每隔4～5米系上除尘条做好清洁即可，在风口处加上防虫网。

4. 定植 在畦面两边按双行“品”字形开穴，行距50厘米，株距40厘米，为防病促长，可穴施生物菌肥。浇透水，坐水栽苗。栽植深度与苗坨平齐。

5. 定植后管理

(1)定植后至根瓜坐住 这一阶段的管理目标是控上促下，蹲苗促根。

①环境调控 从定植至缓苗保持白天温度28℃～32℃，夜间温度18℃～20℃。如遇晴好强光天气，中午可适当遮盖草苫或保温被进行遮阴。缓苗后至根瓜坐住前，以促根控秧为主，白天温度控制在25℃～28℃，夜温12℃～15℃，地温保持在14℃以上。注意放风，防止温室内湿度过大，空气相对湿度控制在70%～75%为宜，超过75%易诱发病害。此阶段，外部光照条件较好，在温室内温度适宜的情况下，草苫或保温被早揭晚盖，尽量延长光照时间。连阴天骤晴后，要在中午将草苫或保温被放下一半遮阴，避免植株萎蔫。

②肥水管理 在浇足定植水的情况下，可不再浇水。若墒情不足也可在定植后3～4天浇透缓苗水。直至根瓜坐住不再浇水。要中耕松土，深度3～5厘米，促进根系下扎。之后，覆盖地膜。

③植株管理 当植株长到6～7片叶后开始甩蔓时，及时吊蔓，采用活动式吊蔓夹进行吊蔓。吊蔓夹有白色圆形卡环式和黑色夹式2种，用于黄瓜茎蔓的吊秧固定和快速高效放秧。用吊蔓夹解系和吊放瓜蔓容易且不伤植株，可减轻劳动强度，工作效率提高50%以上。根据瓜秧生长状态确定留瓜节位，如植株健壮，可在7～8节开始留瓜；如植株细弱，应适当提高留瓜节位。

④病虫害防控 此期主要病害有霜霉病、白粉病、叶霉病、细菌性角斑病等，虫害主要有白粉虱、蚜虫、蓟马、潜叶蝇等，防控措施详见第四章病虫害防控篇部分。

(2)结瓜前期 从根瓜坐住至翌年2月上旬。此阶段外界气温越来越低，光照时间越来越短，光照强度越来越弱，不利于黄瓜生长。要通过加强环境调控与水肥管理等措施，培育壮秧，达到植株营养生长与生殖生长均衡发展。

①环境调控 以保温、控湿和增加光照为主。白天温度尽量控制在26℃～30℃，夜间温度不低于12℃，最低气温应保持在8℃以上。地温越高越好。空气相对湿度以70%～75%为宜，浇水后的3～4天，要在午间加大放风量，排除温室内空气湿度，避免室内湿度过大。在能够保证温室内最低温度的情况下，早揭晚盖草苫，尽量延长黄瓜植株光照时间。未加防尘布的要经常擦扫棚膜；保持棚膜洁净，增加棚内光照。阴天、雾霾天也要揭苫透光，天气骤晴后通过叶面追肥补充养分并增加棚内湿度，也可适当进行临时回苫遮光，防止叶片萎蔫。

②肥水管理 根瓜坐住后结合浇催瓜水追施催瓜肥，每667米^{2}可冲施三元复合肥25～30千克，达到保秧、催花、促果的目的。进入低温期后，水分不易蒸发，应尽量少浇水，以保持地温，掌握在土壤相对含水量低于65%时再浇水，浇水量不宜过大，采用膜下沟灌或膜下滴灌或微喷灌技术，可有效节水、降湿。浇水时间应选择在晴天上午，浇水后要有3～4天的晴天。可随水适当追肥(追肥量同催瓜肥)。也可配合使用氨基酸生物肥300倍液及其他水溶性生物菌肥。若遇到持续低温雾霾天气，根系活力低，也可进行叶面追肥补充营养，如红糖120倍液＋尿素300倍液；或0.3%～0.4%磷酸二氢钾＋红糖120倍液＋尿素300倍液；或芸苔素内酯5 000倍液＋红糖120倍液＋尿素300倍液等，以减少低温雾霾的影响。

③植株管理 当瓜秧生长点高于吊秧钢丝时要进行落蔓，保持有效叶片在13～15片，将瓜秧生长点高度下降后继续用吊绳或吊蔓夹吊蔓，落下的一段瓜秧盘绕在畦面上。注意随时摘除老叶、病叶，疏掉雄花、畸形瓜和卷须，以上操作最好在晴天上午进

行，阴天湿度大进行上述操作时应喷药防病。长势正常情况下，根瓜应早采；瓜秧过旺，可适当晚采。12月份至翌年1月份温度较低，瓜秧生长量小，可每3片叶留1条瓜；2～3月份，温度逐渐升高，瓜秧生长量逐渐增大，可每2片叶留1条瓜；4月份以后，在保证肥水的条件下可节节留瓜。

④病虫害防控　加强温室内环境调控与保温降湿，综合预防病虫害发生。此阶段易多种病害混发，主要有霜霉病、灰霉病、靶斑病、细菌性斑点病等，防控措施详见第四章病虫害防控篇部分。

(3)结瓜中期　此期从2月中旬至4月下旬。2月中旬以后，外界光照条件开始好转，但温度还较低。要科学调控温室内环境，采取综合措施，减少病虫害发生，加强肥水供应，实现丰产。

①环境调控　尽量延长温室光照时间。白天温度控制在28℃～32℃，超过32℃时要及时放风，夜间12℃～14℃为宜。具体措施可掌握在晴天上午温室揭苫后，升温至32℃时打开顶部风口，放风排湿，使温室大部分时间维持在26℃～28℃，下午室温降至15℃时关闭风口，放下草苫后，室内气温一般回升3℃左右，前半夜温室保持在15℃～18℃，后半夜保持在12℃～14℃。温室内地温要保持在12℃以上。遇到雪天或连阴天时，温室夜间最低温度不能低于8℃，低于8℃易发生冷害。温室内空气相对湿度白天尽量降到70%以下。

②肥水管理　此阶段黄瓜进入需肥、需水高峰期，应根据植株生长情况与外部天气条件，进行肥水管理。浇水量要随着气温的升高逐渐增加，一般可掌握在2月中旬至3月中旬每隔8～10天浇1次水，3月中旬以后每隔5～7天浇1次水，浇水注意在晴天上午进行，浇水后注意放风排湿。结合浇水，每7～10天追1次肥，每次每667米^{2}追施三元复合肥25～30千克。根据情况还可叶面喷施钙肥、硼肥及其他微量元素。

③植株管理　瓜秧管理同结果前期。2～3月份，温度逐渐升高，瓜秧生长量逐渐增大，可每2片叶留1条瓜；4月份以后，在保

证水肥的条件下可节节留瓜。

④病虫害防控　此阶段常发生的病害主要有霜霉病、白粉病、灰霉病、细菌性角斑病等，虫害主要有蚜虫、白粉虱、烟粉虱等。应加强温室内环境调控，通过合理控制温湿度，创造不利于病害发生的环境条件。注意要在晴天上午用药，连阴天时宜选用烟剂或粉尘剂。防控措施详见第四章病虫害防控篇部分。

(4)结瓜后期　从5月上旬至7月上旬。此阶段瓜秧逐渐衰老，因此在促进结瓜的同时应注意加强肥水管理，保持瓜秧活力，控制病害，防止早衰。

①环境调控　加强放风管理，防止室内高温烤棚造成死秧。白天温室内空气相对湿度以70%～75%为宜，空气相对湿度超过85%时要及时放风。温室内温度高于32℃要加大放风量。当室内最低气温高于15℃时，开始逐渐由小到大放底风，与顶部风口形成对流，以利通风排湿。当外界夜间最低气温高于13℃时，开始进行昼夜通风。

②肥水管理　根据天气情况适当增加浇水次数，施肥要根、叶并重，保证养分供应，防止植株早衰。此阶段根部追肥一般掌握在3～5天1次，每667米^{2}随水冲施三元复合肥20千克，叶面可喷施0.3%磷酸二氢钾溶液。

③植株管理　及时落蔓，摘除下部老叶、黄叶、病叶及畸形瓜，保持室内清洁。此期温度高，生长快，要注意及时采收以防坠秧。

④病虫害防控　此阶段是病虫害高发期，易发生的病虫害主要有霜霉病、白粉病、粉虱、蚜虫等，防控措施详见第四章病虫害防控篇部分。

⑤异常瓜防控

一是化瓜。水肥供应不足，结瓜过多、采收不及时，植株长势差，光照不足，温度过低或过高，土壤理化性状差等均可导致瓜长8～10厘米左右时，从前端逐渐萎蔫、变黄，最后干枯的化瓜现象。

预防措施：合理施肥浇水，在根瓜坐住之前，不要施速效氮肥。缓苗后若植株生长正常，不再浇水进行蹲苗，直到根瓜长至手指粗时再浇水；适时采收，尤其是根瓜应及早采收，畸形瓜应尽早摘除，以免影响正常瓜的生长；合理控制植株密度，增加透风透光条件，将温度控制在适合黄瓜生长的范围内。

二是畸形瓜。表现为大头瓜、蜂腰瓜、尖嘴瓜、大肚瓜等。机械阻碍，水肥管理不适、长势衰弱，温度过高、过低，高温干旱、空气干燥、土壤缺钾等不当栽培管理措施均可导致畸形瓜。

预防措施：调控好温室内的温湿度；平衡并满足肥水的供应，均衡营养生长与生殖生长的关系，维持植株健壮、不徒长的旺壮态势；增施二氧化碳气体肥料。

三是苦味瓜。管理措施不当：偏施氮肥、磷钾肥不足，浇水不足，持续低温、光照过弱、土壤质地差等不适环境条件均可导致果实出现苦味。

预防措施：合理施肥，增加磷、钾肥施用量；合理调控温度，适当控制湿度，增加光照等。

二、全年一大茬番茄

（一）高效实例

该模式是河北省承德市滦平县、平泉县、承德县、宽城县、隆化县、围场县、双滦区、双桥区等地一种较为成熟的日光温室高效栽培模式。一般每 667 米^2 产量 8 000～10 000 千克，扣除种子、农药、肥料、棚膜、保温被（折旧）等农资成本约 9 000 元，每 667 米^2 产值（不计人工成本和设施折旧）2.5 万元以上。

在廊坊市永清县、固安县等地种植较为普遍，已有多年种植历史。一般每 667 米^2 产量可达 8 000～14 000 千克，扣除种苗、肥料、农药、棚膜、保温被（折旧）等农资成本约 11 200 元，平均每 667 米^2 产值（不计人工成本和设施折旧）可达 3.8 万元以上。

该模式也是藁城市普遍推广的一种高效优化模式之一，一年一大茬，省去了一茬苗钱，在春节期间上市，售价高，效益好。每667米^{2}产量10 000千克，每千克售价4～5元，产值4万～5万元，扣除种苗、肥料、农药、棚膜、保温被（折旧）等农资成本9 000元左右，每667米^{2}产值（不计人工成本和设施折旧）4万元左右。

（二）茬口安排

承德地区8月上中旬播种，9月中下旬定植，12月下旬开始采收，翌年5～6月份拉秧。廊坊及石家庄等地可在8月下旬育苗，9月下旬至10月上旬定植，翌年1月中下旬开始采收，5～6月份收获完毕。

（三）番茄生产关键技术

1. 品种选择 选择抗逆性强、耐低温弱光、对病虫害多抗、商品性好、高产、耐贮运的番茄品种。廊坊、石家庄等地可选用普罗旺斯、中研冬悦、勇士808、金棚1号、东圣1号等品种，承德地区可选用爱吉112、爱吉107、汉姆7号、金棚8号等品种。

2. 购买或自育健壮幼苗

(1)购买幼苗 建议到正规集约化育苗场购买优质商品苗。可根据定植时间，提前订购种苗，或自带种子委托苗场育苗。商品苗应表现为植株健壮，具有4～5片真叶，叶色深绿、肥厚，茎粗壮，节间短，根系发达，根坨成形，无病虫危害。

(2)自育幼苗

①常规育苗 包括种子处理、播种和播后管理。

种子处理。未包衣种子晾晒3～5小时，先进行温汤浸种（参见本章第二节全年一大茬黄瓜部分），待水温自55℃降至30℃时，继续在常温下浸种6～8小时，包衣种子可直接播种。

播种。应在配备防虫网和遮阳网的日光温室内进行，可用商品基质，采用72孔穴盘播种育苗；或参照本章第二节全年一大茬黄瓜部分配制营养土，用10厘米×10厘米营养钵播种，播后覆土厚0.8～1厘米。

播后管理。出苗前，白天温度控制在25℃～28℃，夜间15℃～18℃；出苗后白天温度应在20℃～25℃，夜间13℃～15℃。应根据天气进行遮光降温。水分管理以控水防徒长为原则，见干见湿。浇水后注意放风排湿，空气相对湿度控制在60%～80%。后期可用0.2%磷酸二氢钾溶液进行叶面喷施。

②嫁接育苗　连作地块土传病害和根结线虫危害严重时应进行嫁接育苗。

砧木和接穗苗培育。选择抗土传病害能力强、长势旺、抗逆性强，与接穗嫁接亲和力强、共生性好，对接穗品质影响小的专用嫁接砧木，如科砧系列。砧木比接穗早播7～10天。砧木和接穗播后管理同上。

当砧木有4～5片真叶、接穗有3～4片真叶时，选择晴天上午采用劈接法或贴接法嫁接。

劈接法。嫁接时，砧木留基部1～2片真叶，用刀片横切去掉上部，再于横切面中间自上而下垂直切一刀，切口深约1厘米；接穗留上部2～3片真叶切掉下部，将切口削成双面楔形，楔形面长度与砧木切口相当，随即将接穗插入砧木的切口中，使二者切口对齐后，用嫁接夹固定。嫁接后管理可参照本章第二节全年一大茬黄瓜嫁接后的管理进行。7～10天幼苗成活后恢复正常管理。

贴接法。在砧木2～3片真叶处用刀片斜切一刀，刀口长1厘米左右，按45°角去掉上部保留根部；在接穗基部2片真叶的上边，也按同样的方法斜切一刀，去掉下面根部，保留接穗上面的茎叶和生长点，然后把接穗切口贴在砧木切口上，用嫁接夹固定。

3. 定植前准备　每667米^{2}施优质腐熟有机肥8 000～10 000千克，参照本章第二节全年一大茬黄瓜部分进行高温闷棚或棚室消毒以及设置秸秆反应堆。定植前每667米^{2}再施入氮、磷、钾比例为15∶15∶15的复合肥40千克，过磷酸钙25千克或过磷酸钙100千克，硫酸钾25千克。做成垄宽80厘米、沟宽60

厘米的高垄畦，垄高 15 厘米。每畦安装 2 排滴灌管，或在畦面中间开浇水沟，覆盖地膜后膜下暗灌。棚膜及防虫网等参照本章第二节全年一大茬黄瓜部分。

4. 定植 在高垄畦上双行栽植，株距根据品种特性，如普罗旺斯番茄植株生长旺盛，植株开展度大，株距 48 厘米，每 667 米^{2}定植约 2 000 株。其他番茄品种株距 30～33 厘米，每 667 米^2 定植 2 800～3 200 株。定植时，适当遮阴，选择大小一致的健壮幼苗，定植在垄肩部，适当深栽。定植水浇足、浇透，以漫过植株根部土坨为宜。为促进生根，加速缓苗，可在定植水中加入生根肥料（按产品说明书使用）。

5. 定植后管理

（1）定植至第一穗果坐住　从 9 月下旬至 10 月下旬。此阶段管理目标是控上促下，促根下扎，蹲好秧苗。

①环境调控　此期外界温度、光照条件还较好。定植后 3～5 天适当遮阴，保持白天 28℃～32℃，夜间 14℃～16℃促进缓苗。缓苗后，白天 26℃～28℃，夜间 12℃～14℃，注意通风排湿。保持地温 18℃以上。

②肥水管理　因为天气好，温度高，此阶段由于通风量大，蒸腾损失水分多，在定植后 3～5 天浇 1 次缓苗水。缓苗后根据天气情况，若温度高，蒸发量大可再浇 1 次水，中耕 1～2 次后，覆盖地膜。

③植株管理　嫁接苗缓苗后及时去掉嫁接夹。植株长到 40 厘米左右时及时吊蔓、单干整枝，疏除多余侧枝。若出现徒长，可喷施 1～2 次 1 000 毫克/千克助壮素控旺。第一花序开花时，采用以下措施保花保果。

一是熊蜂授粉。每 667 米^2 放 30～35 只熊蜂，可使用 2 个月。注意在使用农药时，要在前 1 天黄昏蜂回箱时把箱移出温室再施药，2 天后再放回原地。严禁使用具有缓效作用的杀虫剂，可湿性粉剂、烟熏剂等剂型及含有硫磺的农药也禁用。

二是振动授粉。可利用电动授粉器振动花穗果柄，也可人工振动番茄茎蔓。

三是使用化学药剂。常用番茄灵、番茄丰产剂2号等植物生长调节剂进行喷花或蘸花处理，可同时加入1%的50%乙霉威多菌灵可湿性粉剂，或50%腐霉利可湿性粉剂或40%嘧霉胺悬浮剂1 500倍液预防灰霉病。药剂处理要在一穗花序中有2～3朵花开放时进行，并注意严格按照使用说明和温室内的温度情况确定使用浓度。番茄灵使用浓度一般为25～30毫克/升，番茄丰产剂2号使用浓度一般为20～30毫克/升。在使用浓度范围内，掌握低温下处理浓度宜高、高温下处理浓度宜低的原则，防止因处理浓度不当产生畸形果。

四是疏果留果。及时疏掉病虫果、畸形果，保留大小一致、果形周正的果实，大果型品种每穗选留3～4个果，中果型品种每穗留4～6个果。

五是吊果。易出现果穗柄断裂的品种，应在每穗果进入膨大期后用布条或尼龙绳将果穗吊在植株上。

④病虫害防控　此期重点防控茎基腐病、病毒病及粉虱、蚜虫，防控措施详见第四章病虫害防控篇部分。

(2)结果前期　第一穗果坐住至第一穗果采收，从11月上旬至翌年1月下旬。

①环境调控　此阶段外界气温低、光照弱。环境调控以保温降湿、尽量增加光照时间为主。尽量使白天的温度达到26℃～28℃、夜间温度不低于12℃，遇到持续低温、阴雾、雪天时，室内最低气温也要保持在8℃以上。地温保持在18℃以上，最低不能低于12℃。有条件的安装补光灯在阴天、雾霾天补光。加强放风排湿管理，空气相对湿度尽量控制在60%以下，连阴天时，也要注意在中午前后进行短时放风。

②肥水管理　番茄第一穗果70%樱桃大小时说明果已坐住，这时要及时浇催果水、施催果肥。采用滴灌系统的，每667米^{2}灌

水 10 米^3，在滴灌启动 20～30 分钟后随水冲施优质滴灌专用肥 5 千克，之后每隔 7～10 天滴灌 1 次。采用膜下暗灌方式的，可每 667 米^2 结合浇水追施尿素和硫酸钾各 15～20 千克。也可追施沼渣、沼液，沼液灌根追肥可随浇水进行，每 667 米^2 用量为 500 千克左右，之后根据天气和土壤墒情每隔 10～15 天浇 1 次水。视番茄长势，可隔水加肥 1 次。肥料氮、磷、钾比例前期为 1.2∶0.7∶1.1，后期为 1.1∶0.5∶1.4。浇水要选在晴天上午，浇水后 3～4 天要加强放风排湿。方法是上午闭棚升温至 32℃～34℃时，再打开风口通风，尽量降低空气湿度。

③**植株管理**　随着植株生长，及时绕秧；随时去掉下部的老叶、病叶和侧枝、侧芽，带出室外深埋销毁。换头要在 5 穗花蕾出现后，上部留 3～4 片叶摘心。

④**保花保果**　方法同前述。注意随着温度降低，合理掌握处理浓度。

⑤**病虫害防控**　此阶段易发生灰霉病、早疫病、晚疫病、粉虱、蚜虫等病虫害。防控措施详见第四章病虫害防控篇部分。

(3)结果中期　从 2 月上旬至 4 月中下旬。

①**环境调控**　此阶段外界温度、光照条件明显好转，应适当控制棚室内温湿度，加强放风管理。白天温度控制在 30℃较为适宜，空气相对湿度尽量控制在 70%以下，夜间温度 12℃～14℃。当白天温度高于 32℃或空气相对湿度大于 85%时，要及时放风。地温 18℃以上。

②**肥水管理**　随着一穗果开始采收，上部番茄果实陆续膨大，需水需肥量增大。在每穗果的膨大期分别结合浇水进行追肥。方法同前述，但要随着植株生长量的增大和气温的升高，适当增加浇水量，此阶段滴灌的可每隔 3～5 天滴灌 1 次，膜下暗灌的可 5～7 天灌水 1 次。

③**植株管理**　及时摘除植株下部老叶、病叶、黄叶及上部的侧枝、侧芽等，利于通风透光，减少养分消耗。采用换头整枝方式

的，当4穗果基本采收完，5穗果部分采收时附近开始长出侧枝，当侧枝长到8～10厘米时，选择生长势好、长度基本一致的枝留作第二茬结果的侧枝。

④病虫害防控　此阶段易发生灰霉病、早疫病、晚疫病、枯萎病、粉虱、蚜虫、斑潜蝇等病虫害。防控措施详见第四章病虫害防控篇部分。

(4)结果后期　从5月上旬至7月下旬。

①环境调控　此阶段外界温度越来越高，光照越来越强。要加强通风、降湿、降温管理。白天温度控制在30℃左右，空气相对湿度尽量控制在70%以下。当白天温度高于32℃，或空气相对湿度大于85%时，要加大放风量。当外界夜间气温稳定在15℃以上时，可进行昼夜通风，并逐渐开始由小到大放底风，后期注意避免发生高温障碍。

②肥水管理　在每穗果的膨大期，进行追肥浇水。随着果实的增大和气温的升高，适当增加浇水量和浇水次数，此阶段滴灌的可每隔1～3天灌水1次，每次每667米^{2}灌水10～15米^3。膜下暗灌的可3～5天灌水1次。浇水要均匀，既要防止干旱，又要防止水量过大。同时，可叶面喷施0.2%磷酸二氢钾溶液补充养分，以防早衰。

③植株管理　连续坐果的及时落蔓，打掉植株下部的老叶、黄叶、病叶等。换头的第一茬果完全采收后，选择晴天中午或下午，把番茄茎顺着行向进行落蔓，新叶片距离垄面20～30厘米。根据植株长势情况与市场价格，预期选择留果穗数，一般留4～5穗果，从最上部花穗开始留3～4片叶摘心。随着植株生长，及时进行整枝打杈。

保花保果、疏果方法同前述。注意随着温室内的温度逐渐升高，蘸花药液浓度要适当降低，使用低限浓度。

④病虫害防控　此阶段易发生早疫病、晚疫病、叶霉病、病毒病、粉虱、蚜虫、斑潜蝇等病虫害，防控措施详见第四章病虫害防

控篇部分。

三、全年一大茬茄子

（一）高效实例

该模式是河北省承德市滦平县、平泉县、双滦区等地发展起来的一种日光温室高效栽培模式，一般每 667 米^2 茄子产量 10 000～15 000 千克，扣除种子、农药、肥料、棚膜、保温被或草苫（折旧）等农资成本约 8 000 元，在不计人工成本和温室折旧情况下，每 667 米^2 产值 4 万元以上。

（二）茬口安排

7 月下旬至 8 月上旬播种育苗，在此基础上砧木托鲁巴姆提前 25～30 天播种。9 月中旬至 9 月下旬定植。布利塔 10 月下旬至 11 月初开始采收，农大 601 在 11 月中下旬开始采收。翌年 6 月份拉秧晒地休闲。

（三）茄子生产关键技术

1. 品种选择　长茄品种可选用布利塔，圆茄品种可选用农大 601。砧木选用托鲁巴姆。

2. 购买或自育嫁接苗

(1)购买优质嫁接苗　提倡到正规集约化育苗场购买优质嫁接苗。商品苗壮苗应具有 4～5 片叶，株高 15 厘米左右，茎粗 0.3 厘米左右。幼苗叶色浓绿，节间短，根系发达，接口愈合良好，无病虫害，无机械损伤。

(2)自育嫁接苗

①种子处理　砧木托鲁巴姆常规条件下种子发芽慢，发芽率低，可用 100～200 毫克/千克赤霉素溶液浸种 24 小时，将种子捞出用清水洗净，进行变温催芽，白天 30℃～32℃，夜间 18℃～20℃。每天用温水冲洗种子 1～2 次，当大部分种子露白时播种。

接穗种子已包衣可直接播种。未包衣种子先进行温汤浸种

(参见本章第二节全年一大茬黄瓜部分),待水温自55℃降至30℃时,继续用常温水浸种8～12小时,捞出洗净,用湿毛巾包好,放在28℃～30℃条件下催芽,每天用温水冲洗种子1～2次,当大部分种子露白时播种。

②播种　在配备防虫网和遮阳网的日光温室内进行。可用商品基质,采用72孔穴盘播种育苗;或参照本章第二节全年一大茬黄瓜部分配制营养土,用10厘米×10厘米营养钵育苗。播后覆土0.8～1厘米厚。

③播种至嫁接前的管理　托鲁巴姆出苗前,白天气温控制在30℃～32℃,夜间18℃～20℃;50%种子顶土时揭去地膜,白天气温控制在25℃左右,夜间14℃～16℃。3～4叶前生长缓慢,要精心管理。接穗出苗前,白天气温控制在25℃～30℃,夜间15℃～18℃;50%种子出土时揭去地膜,白天气温控制在20℃～25℃,夜间14℃～16℃。水分管理以适当控水防徒长为原则,以见干见湿为宜。浇水后注意放风排湿,空气相对湿度控制在60%～70%。后期可用0.2%磷酸二氢钾溶液进行叶面喷施。定植前集中喷施霜脲·锰锌和噻虫嗪(用量按说明书进行)防病防虫。

④嫁接及嫁接后的管理　参照本章第二节全年一大茬番茄进行。

3. 定植前准备　参照本章第二节全年一大茬番茄进行棚室消毒和施肥。建议设置秸秆反应堆。单行栽培可做成宽60厘米、高20厘米的畦,沟宽40厘米;双行栽培畦宽80厘米,沟宽50厘米,畦高20厘米,在畦面中间开一条深约10厘米的沟,进行膜下暗灌。茄子种植需选用茄子生产专用膜,或选择聚乙烯(PE)、乙烯-醋酸乙烯或聚烯烃农膜。

4. 定植　单行定植,每667米^{2}定植约1 600株,株距40厘米;双行定植,每667米^{2}定植约1 700株,行距50厘米,株距60厘米。采取水稳苗法栽植,先按株距开好定植穴,穴内浇足水,将苗栽入。3～4天后浇缓苗水,经过1～2次中耕,15天后盖地膜。

5. 定植后的管理

(1)定植至门茄坐住　从9月中旬至10月中下旬。

①环境调控　定植后到缓苗前，白天28℃～32℃，夜间15℃～20℃。定植后3～5天，避免阳光过强，可在中午光照强、温度高时适当遮阴。缓苗后白天25℃～28℃，夜间12℃～16℃，控温防徒长。保持空气相对湿度80%以下，以早上揭苫前叶面不结露为宜。

②肥水管理　茄子从定植至门茄坐住所需时间大约30天，浇缓苗水后，至门花开放之前保持土壤相对湿度70%(手攥土坨不滴水，扔在地上即可散开)。

③植株管理　缓苗后及时去掉嫁接夹。随着幼苗生长及时抹掉砧木新生的侧芽，植株长到40厘米左右时开始吊蔓，按照2主枝4分枝进行整枝。具体方法是在门花上分杈处留2个主枝，疏除多余枝杈。2个主枝继续生长分枝，此时保留4个分枝后将多余分枝疏除。用吊蔓绳分别系住4个分枝进行吊蔓。

若门花节位低于7节，应及时将门花疏除，以免坠秧影响植株长势和后期产量。可用茄子坐果灵加咯菌腈配成药液(剂量、浓度按说明书进行)保花促果。方法是在花瓣张开但未完全开放时，在花柄上距离花萼1厘米的位置用毛笔沿花柄由花向茎涂抹约1厘米。蘸花应避开高温时段，避免将药液沾染到茎叶上。

④病虫害防控　这一时期主要病害有早疫病、晚疫病、叶霉病，主要虫害为蚜虫、白粉虱、蓟马、茶黄螨。应以防为主，防控措施详见第四章病虫害防控篇部分。

(2)结果前期

①环境调控　此期从10月中下旬至11月下旬，此时外界温度逐渐降低，温室内白天温度应保持25℃～30℃，夜间15℃以上。10厘米地温保持在15℃以上。要保证充足光照，改善光照的方法参照本章第二节全年一大茬黄瓜部分。

②肥水管理　浇水采用膜下沟灌、膜下滴灌或微喷灌等节水

控湿方式。门茄鸡蛋大小时要浇 1 次透水，结合浇水每 667 米^{2}追施尿素和硫酸钾各 15～20 千克，或氮、磷、钾比例为 20：20：20 的优质冲施肥 4～5 千克。以后保持土壤水分均衡供应，土壤相对含水量维持在 70%～80%。浇水应选择晴天上午进行，浇水后注意放风排湿。

③植株管理　及时疏掉部分内膛枝保证通风透光，及时摘掉果面上残存的花瓣。门茄要及早采收以免坠秧，同时疏掉下部的老叶和侧枝。

④病虫害防控　随着气温逐渐降低，此期的主要病害为灰霉病，防控措施详见第四章病虫害防控篇部分。

(3)结果中期

①环境调控　从 12 月上旬至翌年 4 月。此时期经历温度由高到低，再由低到高的过程。12 月至翌年 2 月上旬是温度最低的阶段，可通过晚揭早盖保温被来保持夜间温度，白天保持在 25℃以上。进入 2 月份以后温度逐渐升高，保持白天 28℃～30℃，夜间 15℃以上。空气相对湿度控制在 70%以下，以降低病害发生率。

②肥水管理　12 月份至翌年 2 月上旬低温季节尽量少浇水，根据土壤墒情可 20～30 天浇水 1 次。2 月份以后，温度升高，蒸腾量增大，根据土壤墒情增加浇水次数，土壤相对含水量维持在 70%～80%。每层果坐住后结合浇水追肥 1 次，种类用量同前述。并配合叶面喷施钙、硼、锌等元素叶面肥。

③植株管理　此期植株生长较缓慢，应注意疏除老叶、病叶、根颈部新生的侧枝和结果部位以下的侧枝。及时保花促果(方法同前述)。

④病虫害防控　主要病害有灰霉病等，防控措施详见第四章病虫害防控篇部分。

(4)结果后期

①环境调控　5～6 月份温度逐渐升高，此时白天温度保持在 28℃～30℃，棚内空气相对湿度保持在 70%以下。

②肥水管理 温度升高，植株蒸腾量加大，可每隔7天左右浇水1次。此期植株早衰明显，生殖生长和营养生长并重，每667米^{2}可使用氮、磷、钾比例为20∶20∶20的复合肥15～20千克，或尿素和硫酸钾各10～15千克，每隔10天配合使用磷酸二氢钾1 000倍液和微量元素进行叶面喷施。

③植株管理 随植株生长及时调整吊绳位置，疏掉多余的内膛枝增加通风透光，及时采收下部的果实。

④病虫害防控 温度逐渐升高，加上后期植株长势较弱，易发的病害有黄萎病，虫害有茶黄螨和红蜘蛛，防控措施详见第四章病虫害防控篇部分。需要注意的是黄萎病（半边疯）为土传病害，防治困难，除做好种子消毒工作外，还可使用枯草芽孢杆菌进行灌根和叶面喷施。在防治红蜘蛛时要注意将棚架、地面、墙面全部喷施药物，减少虫卵寄存。

四、全年一大茬辣（甜）椒

（一）高效实例

该模式是河北省承德市滦平县、平泉县、宽城县、双滦区、双桥区等地发展起来的一种日光温室高效栽培模式。一般每667米^{2}辣椒产量5 000～6 000千克（甜椒3 500～5 000千克），扣除种子、农药、肥料、棚膜、保温被或草苫（折旧）等农资成本7 500元左右，在不计人工成本和温室折旧的情况下，每667米^{2}产值3万元以上。

（二）茬口安排

越冬一大茬辣椒或甜椒，8月上旬播种，9月下旬或10月上旬定植，11月底至12月初开始采收，翌年6月份拉秧，晒地休闲。

（三）辣椒生产关键技术

1. 品种选择 应选用耐低温弱光，抗病毒病、疫病等病害，生长势强的中晚熟品种。辣椒可选择迅驰、立研201等品种，甜椒可选择富康、萨菲罗及甜牛角椒巴莱姆等品种。

2. 购买或自育秧苗 提倡到正规集约化育苗场购买优质秧苗。商品苗壮苗应具有6～7片真叶，叶片肥厚，深绿色，苗高10～15厘米，茎粗0.3厘米以上，根系发达为乳白色，无病虫斑痕。自育幼苗可参照本章第二节全年一大茬番茄进行。

3. 定植 整地施肥、做畦及定植参照本章第二节全年一大茬茄子进行。

4. 定植后的管理

(1)定植至门椒坐住

①环境调控 从9月下旬至10月下旬。定植后温度适当高些，促进缓苗，白天28℃～32℃，夜间15℃～20℃。定植后3～5天，避免阳光过强，可在中午光照强度大、温度高时适当遮阴，避免萎蔫。缓苗后，白天25℃～30℃，夜间15℃～28℃。管理的主要目标是促根壮秧。保持空气相对湿度80%以下，以早上揭苫前叶面不结露为宜。

②肥水管理 缓苗后浇透缓苗水。从定植到门椒坐住所需时间大约30天，到门椒坐住不再浇水施肥。

③植株管理 植株长到40厘米左右时开始吊蔓，按照三干整枝法进行植株调整，吊蔓时留三股吊蔓绳，将分生出的3个主枝全部系紧。及早疏除根部分生的侧枝及定干后多余侧枝。

④病虫害防控 此阶段应加强病毒病、白粉虱、茶黄螨等病虫害的防控，防控措施详见第四章病虫害防控篇部分。

(2)结果前期

①环境调控 从10月下旬至11月下旬。此期大量形成花果，应保持白天温度28℃～30℃，夜间14℃～16℃。控制空气相对湿度在70%以下，避免湿度过大引起落花。

②肥水管理 当80%以上的门椒长至5厘米以上时，进行第一次浇水施肥，每667米^{2}冲施高钾高钙型肥料5千克。间隔15天再冲施1次。

③植株管理　及时整枝绕秧，此期营养生长与生殖生长齐头并进，要控制好结果量以免坠秧影响后期产量。此期辣椒一般每株上不要超过8个，甜椒不要超过4个，门椒要及时采收。及时将卡在枝杈中间生长的果实取出，使其顺直生长，以免影响果实外观。

④病虫害防控　此期应加强叶霉病、白粉病、白粉虱、茶黄螨等病虫害的防控，防控措施详见第四章病虫害防控篇部分。

(3)结果中期

①环境调控　从12月份至翌年4月份。其中12月至翌年1月份是温度最低的阶段，要保持温室内白天温度25℃～30℃，夜间12℃以上。夜间温度低于12℃影响开花坐果。控制棚内空气相对湿度在70%以下。在栽培畦间铺一层秸秆，可有效降低棚内湿度，还可以增加二氧化碳浓度。进入2月份以后，保持白天温度28℃～30℃，夜间14℃以上。

②肥水管理　12月至翌年1月份，结果力减弱，每隔15～20天每667米^{2}随水冲施氮、磷、钾比例为20∶20∶20的复合肥4千克和氨基酸液肥300倍液。2月份以后温度逐渐升高，结果能力又逐渐增强，应保持10～15天浇水1次，每667米^{2}随水冲施氮、磷、钾比例为13∶6∶40的高钾型肥料4千克和氨基酸液肥300倍液。配合施用钙、硼、锌等元素叶面肥。

③植株管理　及时整枝吊蔓避免倒伏，疏掉部分内膛枝保证通风透光条件。整枝打杈时注意在保持顶端优势的前提下，基本保证"留一个果，去一个杈"，及时去掉果面上残存的花瓣，避免病菌侵染。及时疏掉畸形果，将卡在枝杈中间的果取出保证果形周正。及时摘掉植株下部的老叶、病叶和黄叶。在摘叶时要注意每个果上方应留下2～3片叶，在保证营养面积的同时，防止因光照过强造成日灼果。

④病虫害防控　此期要注意灰霉病、叶霉病、细菌性斑点病、白粉虱、茶黄螨、蓟马的防治，防控措施详见第四章病虫害防控篇部分。

(4)结果后期

①环境调控　5～6月份，进入结果后期，温湿度控制同前述。

②肥水管理　进入结果后期，植株早衰明显，施肥的重点是促花果，同时要促秧，每667米^{2}可使用氮、磷、钾比例为20∶20∶20的复合肥4千克。配合使用磷酸二氢钾1 000倍液和微量元素进行叶面喷施。

③植株管理　及时采收，随植株长高适当调整吊绳位置，疏掉多余的内膛枝利于通风透光。

④病虫害防控　易发的病害有晚疫病、病毒病，虫害有茶黄螨、白粉虱，防控措施详见第四章病虫害防控篇部分。

五、全年一大茬西葫芦

(一)高效实例

该模式是河北省承德市滦平县、平泉县、兴隆县等地发展起来的一种日光温室高效栽培模式，一般每667米^{2}西葫芦产量12 000～15 000千克，扣除种子、农药、肥料、棚膜、保温被等农资成本约9 000元，在不计人工成本和温室折旧的情况下，平均每667米^{2}产值4万元以上。

(二)茬口安排

越冬一大茬西葫芦，9月下旬播种，10月中下旬定植，11月下旬开始采收，翌年5月份拉秧晒地休闲。

(三)西葫芦生产关键技术

1. 品种选择　选择抗寒性、抗病性强、长势旺盛的品种，如冬玉、法拉利、绿蓓等。

2. 购买或自育秧苗　提倡到正规集约化育苗场购买优质秧苗。秧苗应具有2～3片真叶，株高15厘米左右，叶片肥厚、深绿色，根系发达为乳白色，无病虫斑痕。自育幼苗可参照本章第二节全年一大茬黄瓜进行，只是可不嫁接育苗。

3. 定植前准备 参照本章第二节全年一大茬黄瓜部分。只是按照单行做高畦栽培，畦宽60厘米，沟宽40厘米。

4. 定植 单行定植，每667米^{2}定植约1 100株，株距60厘米。采取水稳苗法，先按株距开好定植穴，穴内浇足水，将苗栽入，铺好滴灌管，采用膜下滴灌方式。

5. 定植后的管理

(1)定植至根瓜坐住

①环境调控 从10月中下旬至11月中下旬。定植后白天26℃～30℃，夜间15℃～20℃。中午光照强、温度高时可适当遮阴。缓苗之后保持白天温度22℃～26℃，夜间14℃～16℃，保持空气相对湿度80%以下，以早上揭苫前叶面不结露为宜。

②肥水管理 定植后3～4天浇透缓苗水，之后要适当控制水分，避免植株徒长，经过1～2次中耕，15天后盖地膜。第一个瓜坐住前不再浇水。

③植株管理 植株高度超过50厘米后要及时吊蔓。根瓜开花时，用西葫芦专用促瓜剂进行抹瓜。具体方法是在花开至最大时用促瓜剂（浓度参照说明书使用），在瓜条的对称两侧各抹1次，以促使瓜条生长均匀。也可用促瓜剂直接喷花，喷花和抹瓜时药剂不要沾染到植株上，在温度超过30℃时停止抹瓜或喷花。当顶花萎蔫后及时摘掉残花以减少病菌侵入，及时疏除侧枝和雄花以减少养分和水分消耗。

④病虫害防控 此期加强白粉病、病毒病以及蚜虫等病虫害的防控，防控措施详见第四章病虫害防控篇部分。

(2)结果前期

①环境调控 从11月下旬至12月下旬。此期虽然外界温度逐渐降低，但是比较适宜西葫芦生长，保持温室内白天温度24℃～26℃，夜间12℃以上，保证充足光照和空气相对湿度70%以下即可。

②肥水管理 根瓜坐住后进行第一次浇水追肥，以后每隔10

天左右浇 1 次水，每次每 667 米^2 随水冲施适量氮、磷、钾比例为 20∶20∶20 的复合肥 5 千克。

③植株管理　及时落蔓，疏除侧枝和雄花，及早采收根瓜。保持植株上留 3 条瓜，多余的瓜和畸形瓜及时摘掉。

④病虫害防控　此期加强灰霉病防控，防控措施详见第四章病虫害防控篇部分。

(3)结果中期

①环境调控　从 1 月上旬至翌年 4 月中旬。此期经历深冬季节，应尽量保持白天 24℃～26℃，夜间 12℃以上。空气相对湿度控制在 70%以下，雨雪天注意改善光照。其中 1～2 月温度最低，光照最弱，是瓜秧管理最关键时期，在管理上以促为主，应注意做好保温、增光、控湿工作。

②肥水管理　1～2 月份低温寡照，在保证土壤墒情的前提下尽量少浇水，可适当进行叶面喷肥。2 月下旬以后根据天气、土壤墒情，可每隔 7～15 天浇水追肥 1 次，每 667 米^2 可使用高钾型冲施肥 5 千克。并配合喷施钙、硼、锌等元素叶面肥。

③植株管理　1～2 月份低温寡照期间注意疏花疏果，保持植株上有 2 条瓜，多余的瓜和畸形瓜及时摘掉。及时疏除瓜条下部的老叶、病叶，并进行落蔓。西葫芦的主茎较粗，要陆续落蔓，每次落蔓 15～20 厘米，避免损伤植株。2 月下旬之后及时抹瓜或喷花促进结果。保持植株上有 3 条瓜，及时摘掉萎蔫的花瓣，减少灰霉病侵染。

④病虫害防控　此期重点防控灰霉病、白粉病、病毒病和蚜虫，防控措施详见第四章病虫害防控篇部分。

(4)结果后期

①环境调控　从 4 月下旬至 5 月下旬。温度逐渐升高，在外界夜间温度高于 12℃以后，不再需要盖棉被保温，也不需要关闭顶风口。要控制好棚内湿度，空气相对湿度保持在 70%以下。

②肥水管理　进入结果后期，施肥的重点是促花果、促秧，可

每 667 米^2 随水冲施氮、磷、钾比例为 20：20：20 的冲施肥 5 千克或三元复合肥 20 千克，每隔 7～10 天 1 次，叶面可喷施 0.3% 磷酸二氢钾溶液。拉秧前 15 天不再进行施肥。

③植株管理　及时采收，适当落蔓，疏除老叶、病叶。

④病虫害防控　加强病虫害防治，病害有白粉病、病毒病、细菌性角斑病、霜霉病，虫害有蚜虫、潜叶蝇，防控措施详见第四章病虫害防控篇部分。

六、越冬茬黄瓜套种苦瓜—夏秋茬番茄

（一）高效实例

该模式是近几年在河北省保定市望都县发展起来的一种日光温室高效栽培模式。越冬茬种植黄瓜，早春在黄瓜畦内套种苦瓜，黄瓜价格下降后，苦瓜立刻进入采收期，夏秋茬种植番茄。黄瓜一般每 667 米^2 产量 7 500 千克左右，扣除种子、农药、肥料等农资成本约 4 000 元，在不计人工成本的情况下，每 667 米^2 产值约 2.7 万元；苦瓜每 667 米^2 一般产量 1 000 千克左右，扣除种子、农药、肥料等农资成本约 3 000 元，在不计人工成本的情况下，每 667 米^2 产值 1 万元左右；番茄一般每 667 米^2 产量 6 500 千克左右，扣除种子、农药、肥料等农资成本约 5 000 元，每 667 米^2 产值 1.5 万元左右。扣除棚膜和保温被成本 5 000 元，三茬蔬菜每 667 米^2 产值（不计人工成本和温室折旧）在 4.7 万元左右。

（二）茬口安排

黄瓜于 9 月初育苗，10 月上中旬定植，11 月底开始采收，翌年 5 月下旬拉秧；苦瓜于 10 月中下旬育苗，12 月上中旬定植于黄瓜行间，翌年 3 月上旬开始采收，6 月下旬拉秧；番茄 6 月中旬育苗，7 月下旬定植，10 月份拉秧。

（三）越冬茬黄瓜生产关键技术

1. 品种选择　黄瓜选择耐低温弱光、抗病性强、早熟高产、商

品性好的品种。生产上以密刺系列为主，如目前种植较多的津春3号、津优2号、津优3号、津杂2号或中研17，并选择白籽或黄籽南瓜作砧木。

2. 购买或自育嫁接苗 参见本章第二节全年一大茬黄瓜部分。

3. 定植及定植后的管理 棚室消毒与整地施肥、定植及定植后的管理参见本章第二节全年一大茬黄瓜部分。只是定植时，黄瓜双行定植在高垄畦上，每定植2个高垄畦即4行黄瓜，空出1垄用于套种苦瓜。

(四)套种苦瓜关键技术

1. 品种选择 苦瓜选用苗期耐低温弱光、结果期耐高温高湿、高抗炭疽病和细菌性角斑病等多种病害的早熟高产优质品种，如长白苦瓜、白玉苦瓜等。

2. 播种育苗 苦瓜于10月中下旬育苗，苗龄50天左右。播前先用55℃温水浸种，15分钟后置于30℃温水浸泡12小时，捞出后用纱布包好，置于30℃条件下催芽，待80%的种子出芽后播种于10厘米×10厘米营养钵中。其他参照本章第二节全年一大茬黄瓜育苗部分。

3. 定植 12月上中旬当幼苗长出2～3片真叶时，选择晴天的午后定植于为苦瓜预留的行内，每个高垄畦栽1行，株距50厘米，每667米^{2}栽植350株。定植方法可参照本章第二节全年一大茬黄瓜定植部分。

4. 定植后的管理

(1)定植到坐果 从12月上中旬至翌年3月上旬。定植后25～30天，苦瓜抽蔓40～50厘米时要及时吊蔓、绑蔓，后期直接利用大棚内的钢棚架。1米以下侧蔓全部摘除，只留1根主蔓上架。上架之后主蔓长出的侧蔓不再摘除，而是及时牵引侧蔓分成扇形爬架，以主侧蔓均匀爬满棚架、互不遮光为目标。此期应少

浇水，一般不追肥。环境调控等按黄瓜种植要求管理。

(2)坐果至黄瓜拉秧

从3月上旬至5月下旬。此期为黄瓜与苦瓜套种期。白天保持25℃～30℃，夜间15℃～18℃。参照本章第二节全年一大茬黄瓜此期的肥水管理措施。可叶面喷施芸苔素、硼砂、磷酸二氢钾、硝酸钙等。有条件的可增施二氧化碳气肥。注意在晴天下午及时引蔓。此期分生的侧蔓，雌花上部留2～3片叶摘心。疏除无雌花的侧蔓，及时摘除植株下部的老叶、黄叶、病叶及下部无瓜的侧蔓，有病虫果也及时摘除。摘下的所有叶、枝、果都应该装袋远运销毁。苦瓜花后12～15天为商品瓜的适宜采收期，此时的果实瘤条突起饱满，果皮具光泽，商品性最好。及时采收可保证果实品质和数量。此期注意防控蔓枯病、炭疽病、白粉病、疫病及蚜虫、瓜实蝇等，防控措施详见第四章病虫害防控篇部分。

(3)苦瓜后期管理　从5月下旬至6月底。后期一般不再整枝，放任生长，但要注意摘除老叶，加强通风透光。5月份前后逐渐去棚膜、地膜，使其在外界环境条件下生长结瓜。苦瓜的生长势很强，因此只要市场行情好，就可继续加强肥水管理，栽培生长。

(五)夏秋茬番茄生产关键技术

1. 品种选择　前期正值高温多雨时期，品种应选择抗病性强，特别是抗病毒病，前期耐高温、后期耐低温，高产，商品性好的品种，如意佰芬、惠裕、百瑞等。

2. 购买或自育健壮幼苗　可参照本章第二节全年一大茬番茄部分。只是苗期正值炎热季节，最好到温控设施装备条件好的专业化育苗场购买优质商品苗。商品苗的壮苗标准：秧苗4叶1心，高度15～18厘米，茎秆生长粗壮均匀，子叶完好，无病虫危害，根系洁白完整。

若自育秧苗，已包衣的种子可直接播种，未包衣的种子播前首先用温汤浸种法(参见本章第二节全年一大茬黄瓜部分),再用10%磷酸三钠溶液浸泡消毒15～20分钟后,用清水冲洗干净,晾干后播种。育苗期间应特别注意防暴晒、雨淋和高温,控制幼苗徒长。为培育壮苗,要采取以下措施:覆盖遮阳网遮光降温;设30目防虫网严防蚜虫和粉虱;浇水在傍晚进行。加强病虫害防治,苗出齐后喷1次68%精甲霜·锰锌水分散粒剂1000～1500倍液,或75%百菌清可湿性粉剂1000倍液防病;用25%噻虫嗪水分散粒剂4000～6000倍液淋灌,防治白粉虱、蚜虫,以阻断病毒病传播途径。3叶1心后,叶面喷肥2次,可用0.3%尿素和0.2%磷酸二氢钾及碧护7500倍液进行喷雾。

3. 定植前准备 每667米^{2}施用腐熟鸡粪5～8米^3,发酵时加入麦糠、麦秸、玉米秸效果最好,并施硫酸钾30千克和过磷酸钙100千克。做高垄畦,垄宽90厘米,垄沟宽60厘米,垄高20厘米。垄中间开浇水沟。棚室消毒及其他参照本章第二节全年一大茬番茄部分。

4. 定植 7月下旬定植,按大行距90厘米、小行距60厘米大小行定植,株距45厘米,每667米^{2}定植2000株。定植时先浇1次小水,1周后把秧苗定植在垄的水位线上,保证秧苗在同一条水位线上,浇透定植水。

5. 定植后的管理

(1)环境调控 定植后降温促缓苗是关键。应通过放风、棚膜洒泥浆或拉遮阳网等措施,将白天温度控制在25℃～30℃、夜间14℃～16℃为宜。生长中后期白天25℃～28℃,夜间14℃～16℃;空气相对湿度保持45%～55%。后期最低温度不低于8℃。随温度降低要及时关闭风口。

(2)肥水管理 缓苗后浇缓苗水,之后中耕。天气炎热,应选择清晨或傍晚小水勤浇,避开晴天中午浇水。5天左右浇1次水,遇炎热高温天气,可浇过堂水降温。第一穗果长到鸡蛋大小时结合浇水追肥。之后,每穗果膨大时结合浇水追肥1次,每次每667

米^2 追施尿素 10 千克和硫酸钾 15 千克。随着温度下降，浇水间隔可逐渐增加至 7～10 天 1 次。10 月份以后根据天气和植株生长情况减少浇水。

(3)植株管理

①整枝 采用单干整枝，留 5 个花序后摘心，摘心时，最后一穗花上留 3 片叶。老叶、病叶及时摘除。随着采收，已采收果穗下方的叶片也应摘掉，这样有利于阳光的透射，减少病虫害，加速植株间的空气流通，促进果实成熟。摘掉的老叶、病叶等集中于专门的残叶碎枝收集袋里，运出棚外深埋。

②保花保果 参照本章第二节全年一大茬番茄部分。

③采收 定植后 60 天左右可开始采收。到后期天气冷凉，光照差，果实生长、着色较慢。如急需种植下茬作物，可把长成的果采下或整株带果拔起，放在温度 10℃～12℃、空气相对湿度 70%～80%条件下贮藏，视行情上市。

(4)病虫害防控 此茬番茄前期要重点防控黄化曲叶病毒病和茎基腐病，后期注意防控叶霉病、晚疫病，防控措施详见第四章病虫害防控篇部分。

七、秋冬茬脆瓜—早春茬羊角脆

(一)高效实例

该模式是近几年河北省青县发展起来的一种日光温室高效栽培模式，秋冬茬脆瓜每 667 米^2 产量 2 000～2 500 千克，扣除种子、农药、肥料等农资成本约 2 000 元，在不计人工成本的情况下，每 667 米^2 产值约 1.5 万元；早春茬羊角脆每 667 米^2 产量为 5 000～6 000 千克，扣除种子、农药、肥料等农资成本约 2 000 元，在不计人工成本的情况下，每 667 米^2 产值约 1.5 万元。再扣除棚膜和保温被成本约 5 000 元，两茬甜瓜常年每 667 米^2 产值(不计人工成本和温室折旧)在 2.5 万元左右。

（二）茬口安排

秋冬茬脆瓜 8 月中下旬播种，9 月上中旬定植，10 月上中旬开始采收，12 月中下旬根据脆瓜长势情况确定拉秧时间；早春茬羊角脆 11 月上中旬播种，12 月下旬至翌年 1 月上中旬定植，3 月初开始采收，6～7 月份根据羊角脆长势及价格情况确定拉秧。

（三）秋延后脆瓜生产关键技术

1. 品种选择 脆瓜，学名越瓜，又名生瓜、酥瓜、白瓜等，是甜瓜的变种，果皮极薄、瓜嫩清脆，适宜生食。根据市场需求，选择适应当地生态条件的优质高产、抗逆性强的品种，如八棱脆、津农 5 号、极品八棱脆等。砧木要选择甜瓜嫁接专用南瓜品种，如青研甜瓜砧木、京欣砧 3 号等。

2. 购买或自育嫁接苗

（1）购买优质嫁接苗 提倡到正规集约化育苗场购买优质嫁接苗。嫁接苗具有 3～4 片真叶，叶色浓绿，生长健壮，无病虫害。嫁接口愈合完全，根系发达，并将基质缠绕，从穴盘中取出时不散坨。

（2）自育嫁接苗

①播前种子处理 包括浸种和催芽。

浸种。脆瓜每 667 米^2 用种量 70～100 克，砧木南瓜每 667 米^2 用种量 600～1 000 克。先用 55℃～60℃温水浸种 15 分钟，并不断搅拌至水温降至 30℃时，脆瓜种子浸泡 3～4 小时、砧木南瓜种子根据种皮薄厚浸泡 6～12 小时。

催芽。将处理好的种子用湿布包好，放在 30℃条件下催芽。每天用清水冲洗 1 次，每隔 4～6 小时翻动 1 次。1～2 天后，60% 种子露白时即可播种。如不能及时播种，置于 10℃处存放。

②育苗设施与消毒 在日光温室内育苗，育苗前 7～10 天，每 667 米^2 用 80%敌敌畏乳油 0.25 千克加硫磺 2 千克加锯末 5 千克混合分 3～4 堆，点燃熏棚闷 24 小时，然后放风，无气味后播种。

③播种　8月中下旬播种脆瓜种子。使用育苗专用基质时，基质相对含水量以60%为宜，即用手攥基质成团，无水滴流出，松开不散团。在平盘或苗床上播脆瓜种子，脆瓜子叶平展后，在32孔穴盘中播砧木种子。

若用营养土装营养钵育苗，营养土选择未种过瓜的肥沃大田土60%、充分腐熟优质有机肥30%、细炉渣或锯末10%，混合均匀过筛。每立方米营养土加入50%多菌灵粉剂200克、50%辛硫磷乳油1 000倍液，或68%精甲霜·锰锌水分散粒剂40克、2.5%咯菌腈悬浮种衣剂200毫升，堆闷7天，散开无气味后，装入10厘米×10厘米或8厘米×10厘米的营养钵，少量营养土铺入育苗畦中。脆瓜播在育苗畦里，南瓜播在育苗钵内。

④播后管理　发芽至出苗白天气温控制在28℃～30℃，夜间20℃，出苗后白天气温控制在25℃～30℃，夜间13℃～15℃，地温15℃以上。保持基质湿润。嫁接前1天，喷1次药，预防病害，可选择抗生素类药物和杀真菌药物进行综合预防，如2%春雷霉素水剂600倍液加40%百菌清悬浮剂800倍液，或72%硫酸链霉素可溶性粉剂2 000倍液加25%嘧菌酯悬浮剂1 500倍液。

⑤嫁接　采用贴接法，脆瓜幼苗1～2片真叶，砧木幼苗子叶展平时为嫁接期。在遮阴条件下，露水下去后嫁接。用剃须刀向下斜切一刀将砧木生长点及一片子叶一同切去，将接穗在子叶下1～1.5厘米处斜向上直接切断，将接穗及砧木贴合后用平口嫁接夹固定，摆放到苗床中。

⑥嫁接后管理　参照本章第二节全年一大茬黄瓜部分。

3. 定植前准备　结合整地每667米^{2}施优质腐熟肥8 000千克，过磷酸钙30千克，硫酸钾20千克。温室消毒参照本章第二节全年一大茬黄瓜部分。按行距100厘米，做成宽30厘米、高13厘米左右的高畦。选用保温性好、长寿、流滴性好、消雾EVA膜或PO膜，9月初覆膜。

4. 定植　9月上中旬，选择晴天定植，在小高畦上栽苗，株距

30～33 厘米，每 667 米^2 定植 1 800～2 200 株，栽苗后浇水。

5. 定植后的管理

(1) 定植后至第一批瓜坐住

①环境调控　定植后气温较高，注意通风，严防高温危害；缓苗后白天保持 25℃～30℃，夜间 15℃；坐瓜后适当提高温度，白天 28℃～32℃，夜间 15℃。吊蔓前地面铺设白色地膜，减湿增光。

②肥水管理　定植时气温高，浇透定植水，2～3 天后浇缓苗水，每 667 米^2 随水冲施生根肥料，如真根 5 千克。

③植株管理　采用单干整枝，当瓜秧 30 厘米高时及时吊蔓，每株一条吊绳，上边固定在吊秧钢丝上，下端用小木棍固定在瓜秧根部。当主蔓 80 厘米左右时摘心，保留顶部 1 条侧蔓，利用孙蔓留 4 个瓜，孙蔓瓜前留 1 片叶摘心。

④病虫害防控　本期病害较少发生，可喷施 40%百菌清悬浮剂 800 倍液，或 25%嘧菌酯悬浮剂 1 500 倍液预防。应加强蚜虫、白粉虱、蓟马、瓜绢螟的防治，防控措施详见第四章病虫害防控篇部分。

(2) 结瓜期

①环境调控　白天温度 28℃～32℃，夜间 15℃；10 月下旬以后，以增光、保温为主；当棚温降至 8℃时，采取临时加温措施，如加二层膜。如遇久阴骤晴，要遮花苫，慢升温见光。经常清洗棚膜，保持高透光性。

②肥水管理　根据天气和土壤墒情适时浇水，保持土壤湿润，忌大水漫灌。从根瓜膨大期开始，每茬瓜开始膨大时，每 667 米^2 随水冲施高氮高钾复合肥 15～20 千克，或硝酸钾 5～10 千克。

③植株管理　第一次换头以后，每隔 4～5 片叶摘心 1 次，保留顶部 1 条侧蔓，其余侧蔓摘除，留 2 个瓜。采用连续换头方式，整个生育期留 8～10 个瓜。瓜秧达到吊绳顶部时落蔓，每次落到

1.5 米左右，保证植株有 15 片叶以上，摘除下部黄叶、老叶及畸形瓜和病瓜，利于通风透光。

④病虫害防控　此期应继续加强蚜虫、白粉虱、蓟马、瓜绢螟等虫害防控，同时加强霜霉病、炭疽病、白粉病、灰霉病、细菌性角斑病等病害防控，防控措施详见第四章病虫害防控篇部分。

⑤采收　脆瓜是供人们生食的新鲜果蔬，应及时采收，减轻植株负担，促进后期植株生长和果实膨大。脆瓜皮薄易损伤，采收和销售过程中都要注意轻拿轻放。采摘时最好在上午露水稍干后用剪刀采收，避免在烈日下暴晒。要求在 1～2 天销售，以保持新鲜和品质。

（四）冬春茬羊角脆生产关键技术

羊角脆属薄皮甜瓜类型，早熟、高糖、脆肉品种。果实长锥形，一端大，另一端稍细而尖，弯曲似羊角，故名羊角脆。果长 25～35 厘米，单果重 500～900 克，果形指数 2.1。连续坐果能力强，单株结果 6～10 个。成熟后，果实灰白色，肉色淡绿，瓜瓤橘黄色。肉厚 2 厘米左右，果实香甜，质地松脆，富含碳水化合物、矿物质及其他营养物质。

1. 品种选择　羊角脆为地方品种，河北省青县栽培历史悠久。应选用优质高产、抗逆性强、商品性好的精品羊角脆、精选特大羊角脆等品种，砧木品种选择同本模式秋冬茬脆瓜。

2. 购买或自育嫁接苗　若自育秧苗，在日光温室或加温温室中育苗。羊角脆在 11 月中旬播种，播种后 15 天左右，羊角脆甜瓜第一片真叶大如指甲盖大小时再播南瓜种子，当南瓜幼苗 2 片子叶展平能看见 1 片真叶时进行嫁接。其他参见本模式的秋冬茬脆瓜部分。

壮苗标准：苗龄 50 天左右，嫁接苗 3 叶 1 心或 4 叶 1 心；茎秆粗壮，子叶完整，叶色浓绿，生长健壮，根系紧紧缠绕基质，嫩白密集；形成完整根坨，不散坨；无黄叶，无病虫害；整盘苗整齐一致。

3. 定植前准备

(1)整地施肥　施肥应以有机肥为主、化肥为辅，施肥方式以基肥为主、追肥为辅，中等肥力水平的大棚一般每667米^{2}施优质腐熟有机肥5 000千克，三元复合肥（氮、磷、钾比例为15∶15∶15）50千克。土壤墒情要足够大，基肥撒施后，深翻地30～40厘米，混匀、耙平，按大行距120厘米、小行距80厘米做宽40～50厘米、高15厘米的高垄畦。

(2)挂天幕　定植前5～7天挂天幕，可提早成熟10～20天，选用厚度0.012毫米的聚乙烯无滴地膜。

4. 定植　1月上旬选择晴天上午定植，秧苗在定植前1天用75%百菌清可湿性粉剂600倍液喷雾杀菌。在高垄畦上按行距80厘米、株距30厘米双行开穴，浇水，待水渗至一半时放苗，每667米^{2}定植2 000～2 200株。

5. 田间管理

(1)定植后至第一茬瓜坐住

①环境调控　刚定植后，地温较低，应保持大棚密闭，即使短时气温超过35℃也不放风，以尽快提高地温促进缓苗。缓苗后根据天气情况适时放风，应保证21℃～28℃的时间在8小时以上，夜间最低温度维持在12℃左右。随着外界温度升高，逐步撤除天幕，增加透光率，一般在2月中旬撤除天幕。

②肥水管理　定植后根据墒情可浇1次缓苗水，以后不干不浇。

③植株调整　采用单蔓整枝法，主蔓长至30厘米长时吊蔓。在11～12叶片时开始选留子蔓为结果蔓，坐果后留2～3片叶摘心，每株留3瓜，11片叶以下14～20片叶的子蔓全部去掉。

④病虫害防控　本期病害较少发生，可喷施40%百菌清悬浮剂800倍液，或25%嘧菌酯悬浮剂1 500倍液预防。

(2)结瓜期

①环境调控　瓜定个到成熟，白天温度25℃～35℃，夜间保

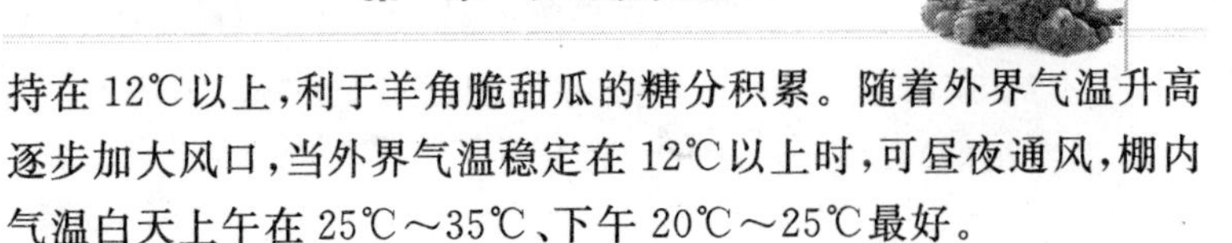

持在12℃以上，利于羊角脆甜瓜的糖分积累。随着外界气温升高逐步加大风口，当外界气温稳定在12℃以上时，可昼夜通风，棚内气温白天上午在25℃～35℃、下午20℃～25℃最好。

②肥水管理　当瓜长至鸡蛋大小时，选择晴天上午结合浇小水，每667米^{2}冲施尿素5千克、硫酸钾10千克，或冲施三元复合肥15～20千克，整个果实膨大期可浇水追肥2～3次，采收前7～10天停止浇水追肥。

③植株调整　在21片叶子蔓开始选留二茬瓜。25片叶左右摘心，第三、第四茬瓜在回头子蔓选留。

④病虫害防控　病害主要有霜霉病、炭疽病、蔓枯病、白粉病、灰霉病、细菌性角斑病等，蔓枯病防治同炭疽病，虫害主要有蚜虫、白粉虱、蓟马等，具体防治方法参见第四章病虫害防控篇部分。

⑤采收　开花后40～45天，果皮颜色由绿色变白色时为商品采收期。采收应在清晨进行，采收后存放于阴凉处。

八、秋冬茬芹菜—育苗—早春茬黄瓜

(一)高效实例

该模式是近几年河北省藁城市农业高科技园区示范推广的一种高效优化模式。秋冬茬芹菜每667米^{2}产量7 000千克左右，扣除种苗、肥料、农药等农资成本1 500元左右，在不计人工成本和设施折旧的情况下，每667米^{2}产值约9 000元。收完芹菜后对外培育商品苗，期间需要临时加温。每667米^{2}育苗量在20万株左右，扣除基质、穴盘等农资成本4 000元左右，在不计人工成本和设施折旧的情况下，每667米^{2}产值约2万元。育苗结束后定植早春茬黄瓜，每667米^{2}产量7 500千克左右，扣除种苗、肥料、农药等农资成本4 000元左右，在不计人工成本和设施折旧的情况下，每667米^{2}产值约1.85万元。扣除全年棚膜、保温被(折旧)成本约5 500元,该种植模式每667米^{2}全年产值(不计人工成本和温室折旧)4.2万元以上。

(二)茬口安排

秋冬茬芹菜于7月上旬育苗,9月上旬定植,12月上旬上市,翌年1月上旬收获完毕。在1月中旬至2月中旬培育商品苗,2月下旬定植早春茬黄瓜,4月下旬开始采收,6月下旬采收完毕。

(三)秋冬茬芹菜生产关键技术

1. 品种选择 选用优质、抗病、耐热、适应性强、纤维少、实心、品质嫩脆的西芹品种,如文图拉、加州王、西雅图、高优它等。

2. 培育壮苗

(1)苗床准备 苗期正处于高温多雨季节,在大棚内采用一网一膜覆盖(即一层遮阳网防止高温,一层棚膜防暴雨冲刷)。畦宽1.2米、长8～9米(旧棚要将畦内10厘米土层换成未种过菜的肥沃大田土)。每畦再施入充分发酵、腐熟、晾干、捣碎并过筛的鸡粪0.2米^3,50%多菌灵80克,磷酸二铵0.5千克,翻耕10厘米深,将肥、药、土充分混匀,整平、耙细。

(2)低温催芽 每10米^{2}苗床可播种子8～10克,种植667米^{2}芹菜需用种80～100克。播种前将种子用清水浸泡24小时,搓洗几次,用湿布包好,放于15℃～20℃条件下催芽;没有控温条件时,也可将种子吊在井中离水面30～50厘米处催芽,当有70%左右种子露白时即可播种。

(3)播种 播前浇透苗床,覆上一层过筛细潮土,催芽的种子掺细土或沙子,也可与小白菜、小萝卜等混播(小白菜、小萝卜生长快,利于遮阴,随生长可间苗拔除),播后覆上一层细潮土。为防蝼蛄等害虫,覆土后,畦面撒毒饵。将100千克麦麸或磨碎的豆饼炒香后,用90%敌百虫晶体1千克,加水30升拌匀,制成毒饵。

(4)播后管理 出苗前,苗床要用湿草苫覆盖,并经常洒水。

苗齐后保持土壤湿润，当幼苗第一片真叶展开时进行间苗，疏除多余苗及病苗、弱苗，苗距3厘米×3厘米，结合间苗拔除杂草。3～4片真叶时分苗，苗距7～8厘米×3～4厘米，此时追施0.5%尿素。苗龄60天左右，5～6片真叶时即可定植。

3. 施肥与整地　每667米^{2}施优质腐熟有机肥3 000～5 000千克，尿素10千克，过磷酸钙50千克，硫酸钾30千克。肥料撒施要均匀，深翻40厘米，纵横各深翻1遍，耙细整平后做宽1～1.2米的平畦。

4. 定植　于晴天下午3时以后定植，带土坨移栽。行距40厘米，株距20～25厘米，每667米^{2}定植8 000株左右。每穴1株，培土以埋住短缩茎露出心叶为宜，边栽边封沟随即浇定植水，切忌大水漫灌。

5. 定植后管理

(1)缓苗期管理　此期从9月上旬至9月下旬，管理目标是促根系发育，快速长根利于缓苗。

①温度调控　缓苗期温度略高一些有利于缓苗，白天22℃～26℃，夜间10℃～12℃。如果此时光照太强，要遮阴，防止萎蔫。

②肥水管理　定植3天后浇1次缓苗水，3～5天成活，7天后萌发新叶，要保持土壤湿润，防止干旱。心叶变绿，新根生出时要中耕松土保墒，促进根系发育。此期不需要施肥。

③病虫害防控　此期易发生早疫病、软腐病、蚜虫及白粉虱。应加强环境调控，创造有利于芹菜生长而不利于病害发生的环境条件，注意通风排湿，防止叶面结露，浇水应选晴天上午，阴天注意放风。

(2)蹲苗期管理　此期从9月下旬至10月上旬，管理目标是促进根系生长发育和新叶分化防徒长。此期要降低温度，白天控制在18℃～22℃，晚上8℃～10℃，加大昼夜温差有利于根系的生长而防止茎叶徒长。缓苗后，浇1次水，然后适当控制浇水，保持地表见干见湿，进行中耕蹲苗，中耕深度3厘米，以促进根系下扎，加速叶分化。此期重点控制斑枯病和蚜虫、粉虱，防控措施参见第四章病虫害防控篇部分。

(3)生长期管理 此阶段从 10 月上旬至 12 月上旬，管理目标是以防病促进地上部生长为主，实现丰产。

①温度调控 当露地气温下降至 5℃时，关闭温室底部风口，并备好草苫。当室外气温下降至 0℃左右、室内温度下降至 6℃时，晚上要覆盖草苫。保持白天温度在 16℃～25℃，夜间在8℃～14℃，10 厘米地温在 13℃～23℃。

②肥水管理 定植 30 天左右，从地上部看，株型紧凑、健壮，叶色深绿至浓绿，植株粗壮时结束蹲苗，结合浇水追 1 次肥，每 667 米^2 追施尿素 5 千克。以后每隔 5～7 天浇 1 次水，每隔 20～25 天追 1 次肥，每 667 米^2 追施尿素和硫酸钾各 10 千克，保持土壤湿润。11 月下旬以后，随着温度降低，应控制浇水。浇水应在晴天上午进行，浇水后要有连续 3 天以上的晴天，每次浇水量都不要过大，并注意加强通风排湿。如后期缺肥，叶片黄化时，喷施 0.3%尿素或叶面喷施 0.3%磷酸二氢钾溶液，促进生长。采收前 10 天停止追肥、浇水。

③病虫害防控 此期应重点防控斑枯病、早疫病、软腐病、蚜虫、白粉虱、美洲斑潜蝇等，防控措施参见第四章病虫害防控篇部分。

(4)收获期 12 月上旬至翌年 1 月上旬，根据市场行情，可陆续采收上市。若要推迟上市应适当降温，早晨降至 5℃～6℃，最低不能低于 3℃，白天 16℃～22℃，控制植株生长。原则上不再追肥，可 10～15 天浇 1 次水，可叶面喷施 0.3%尿素或 0.3%磷酸二氢钾溶液，促进生长。病虫害防控措施参见第四章病虫害防控篇部分。

(四)商品苗培育

芹菜采收后及时清理残茬，采用熏蒸消毒法进行棚室消毒(详见本章第二节全年一大茬黄瓜部分)。采用商品基质和穴盘

进行黄瓜、甜瓜、番茄等蔬菜的商品苗培育，育苗期 40～45 天。各种蔬菜具体育苗技术参照本书相关蔬菜部分。

(五)冬春茬黄瓜生产关键技术

1. 品种与秧苗 选择优质、高产、抗病、抗逆性强的黄瓜品种，如冀美 801、津优 35 等。育苗关键技术详见本章第二节全年一大茬黄瓜部分。应特别注意此期温度低，应配备临时增温设备，育苗期也长些，苗龄 30～35 天。

2. 定植前准备 结合整地每 667 米^2 施优质腐熟有机肥5 000千克以上，三元复合肥 50 千克，然后深翻 30 厘米。耕翻整平后起垄，垄宽 60～70 厘米，垄高 6～10 厘米，垄沟宽 80～90 厘米。棚室采用熏蒸法消毒(参见本章第二节全年一大茬黄瓜部分)。

3. 定植 于 2 月下旬进行定植。在垄面上双行定植，行距 40 厘米、株距 30～35 厘米。浇透水，坐水栽苗，栽植深度与根坨齐平。为促进黄瓜生根，加速缓苗，可在定植水中加生根肥，如根多多、多维肥精等肥料，每 667 米^2 可用 5 千克。

4. 田间管理

(1)定植至根瓜坐住 从 2 月下旬至 4 月上旬，这一阶段的管理目标是控上促下、蹲苗促发根。

①环境调控 缓苗期白天 28℃～32℃，夜间 15℃左右。缓苗后白天气温控制在 25℃～28℃，夜间 12℃～14℃。地温控制在 14℃以上。3 月下旬以后，光照强时注意温度调控，白天超过 30℃时打开顶部风口，午后降到 20℃时关闭风口。温度适宜的情况下，早揭晚盖草苫，保持棚膜清洁，温室后墙张挂反光幕，尽量增加光照。

②肥水管理 缓苗后，温度低，尽量少浇水，如旱可以滴灌 1～2 次，每 667 米^2 每次灌水 6～10 米^3。主要管理措施是加强中耕松土，中耕后，安装滴灌管，然后在畦边开小沟，覆盖地膜。

③植株管理 当黄瓜长到 6～7 片叶、株高 25～30 厘米时，

用吊蔓夹或吊线及时吊蔓。

④病虫害防控　要加强环境调控，注意通风排湿，防止叶面结露，浇水应选晴天上午，阴天注意放风。出现病害及时防治。此阶段易发生的病害主要有霜霉病、细菌性斑点病、灰霉病（防控措施参照第四章病虫害防控篇部分）。

(2)结瓜前期　此阶段从4月上旬至4月下旬，气温和光照条件越来越有利于黄瓜生长。加强环境调控与肥水管理，培育壮秧，由以营养生长为主转变为营养生长与生殖生长均衡发展，实现连续结瓜。

①环境调控　白天温度控制在26℃～30℃，夜间温度不低于12℃。温度适宜的情况下，应早揭晚盖草苫，尽量延长光照时间。经常清扫棚膜，保持棚膜洁净，增加棚内光照。

②肥水管理　根瓜瓜把颜色变深时代表根瓜已坐住，要浇催瓜水，施催瓜肥。之后每隔5～10天滴灌1次，每667米^{2}每次灌水6～12米^3，每次加肥4～6千克；根据黄瓜长势，可隔水加1次肥。肥料选用滴灌专用肥，养分含量要高，并含有中微量元素。此阶段氮、磷、钾比例约为1.2∶0.7∶1.1，一般在灌水20～30分钟后加肥，以防止施肥不均或不足。

③植株管理　根据植株长势，适时采收根瓜，防止坠秧。及时绕蔓，保持植株龙头直立生长。随时疏除侧枝，注意整枝要在晴天进行。

④病虫害防控　加强温室内环境调控，保持适于黄瓜生长的生态环境，综合预防病虫害发生。此阶段易多种病害混发，主要有霜霉病、灰霉病、细菌性斑点病及粉虱、蚜虫、潜叶蝇等，可参照第四章病虫害篇部分加强防控。

(3)结瓜中期　从4月下旬至6月上旬。4月下旬以后，进入了盛瓜期阶段，外界温度也利于黄瓜的生长，此期要科学调控温室内环境，采取综合措施，减少病虫害发生，加强肥水供应，实现丰产。

①**环境调控**　加强放风管理，防止高温烤棚造成死秧。温室内温度高于32℃要加大放风量。当室内最低气温高于15℃时，开始逐渐由小到大放底风，与顶部风口形成对流，以利通风排湿。当外界夜间最低气温高于13℃时，开始进行昼夜通风。

②**肥水管理**　此阶段是采收盛期，温度适宜，蒸发量大，要增加浇水量和浇水次数。每隔3～5天滴灌1次，每667米^{2}每次灌水10～15米^3，每次加肥6～10千克；根据黄瓜长势，可隔水追1次肥。此阶段氮、磷、钾比例约1.1∶0.5∶1.4。

③**植株管理**　主要是整枝和落蔓。当黄瓜植株生长点达到吊秧钢丝高度时进行落蔓，重新固定龙头，同时摘除下部老叶、病叶，集中清理到棚外深埋。注意整枝与落蔓要在晴天上午10时至下午4时进行，每次落蔓的高度不超过30厘米。

④**病虫害防控**　此阶段应重点防控霜霉病、白粉病、灰霉病、细菌性角斑病及粉虱、蚜虫、潜叶蝇等。

(4)结瓜后期　从6月上旬至6月下旬。此阶段外界温度与光照条件均有利于植株生长，主要是控制病虫害，加强肥水管理，促进植株生长，防止早衰。

①**环境调控**　温度高、光照强，底部风口和顶部风口全部打开进行昼夜通风。

②**肥水管理**　增加浇水次数和浇水量，施肥要根叶并重，保证养分供应，防止植株早衰。此阶段1～2天滴浇1次水，每667米^{2}每次灌水10～15米^3，每次加肥6～10千克；根据黄瓜长势，可隔3～5天加1次肥。此阶段氮、磷、钾比例约1∶0.3∶1.4。同时叶面可喷施0.3%磷酸二氢钾溶液。

③**植株管理**　及时摘除下部老叶、黄叶、病叶，落蔓，保持棚室内清洁。

④**病虫害防控**　白粉病、粉虱、蚜虫等高发，应参照第四章病虫害防控篇部分重点防控。

九、秋冬茬球茎茴香—育苗—早春茬番茄

（一）高效实例

该模式是近几年河北省藁城市农业高科技园区示范推广的一种高效优化模式。秋冬茬球茎茴香每 667 米^2 产量 3 000 千克左右，扣除种苗、肥料、农药等农资成本 1 000 元左右，在不计人工成本和设施折旧的情况下，每 667 米^2 产值约 8 000 元。收获球茎茴香后对外培育商品苗，此时温室需要临时加温来满足育苗需要，每 667 米^2 育苗量在 20 万株左右，扣除基质、穴盘等农资成本 4 000 元左右，在不计人工成本和设施折旧的情况下，每 667 米^2 产值约 2 万元。育苗结束定植冬春茬番茄，每 667 米^2 产量 8 000 千克左右，每千克平均售价 3 元，产值 2.4 万元，扣除种苗、肥料、农药等农资成本约 5 000 元，在不计人工成本和设施折旧的情况下，每 667 米^2 产值 1.9 万元。扣除全年棚膜、保温被（折旧）5 000 元，该种植模式每 667 米^2 全年产值（不计人工成本和温室折旧）4.2 万元左右。

（二）茬口安排

秋冬茬球茎茴香于 7 月下旬育苗，8 月下旬定植，12 月上旬至 12 月下旬上市，翌年 1 月上旬收获完毕。在 1 月中旬至 2 月中旬培育商品苗。于 2 月下旬定植早春茬番茄，5 月上旬开始采收，7 月上旬采收完毕。

（三）秋冬茬球茎茴香生产关键技术

1. 品种选择 选用高产、优质、抗病、早熟品种，如荷兰球茎茴香。

2. 培育壮苗 苗床准备参照本章第二节秋冬茬芹菜—育苗—早春茬黄瓜中芹菜部分准备，每平方米播种量 4 克，每种植 667 米^2 用种量 120 克。播前用凉水浸种 24 小时后，放在阴凉的地方催芽，在 20℃～25℃的条件下，每天用温水冲洗 1 次，5～6

天即可出芽。将催好芽的种子均匀撒播于苗床上，然后覆盖细土1厘米厚，同时盖上遮阳网。出苗后浇水1次，撤去遮阳网，在苗床上撒0.5厘米厚的细土，有1～2片真叶时分苗。注意蚜虫危害。出苗后白天保持20℃～25℃，最高不超过28℃，夜间15℃左右。苗齐后浇1次小水。1～2片真叶时间1次苗，3～4片真叶时按株距6厘米×6厘米间苗。

3. 施肥与整地　定植前，每667米^{2}施有机肥3 000千克以上，磷酸二铵20千克，硫酸钾15千克，尿素20千克，深翻整地，做宽1～1.2米的平畦。

4. 定植　在8月下旬，幼苗5～6片真叶、高15厘米左右时按行距40厘米、株距30厘米带土坨定植。定植前浇透水，定植后浇定植水。

5. 定植后管理

(1)缓苗期管理　此期从8月下旬至9月上旬。管理目标是促根系发育，快速长根缓苗。

①温度调控　缓苗期温度适当高些，有利于缓苗，此期温度白天25℃～28℃，夜间15℃～20℃。若此时光照太强，要遮阴，防止植株萎蔫。

②肥水管理　此期温度较高，要保持土壤湿润，避免出现干旱。定植后3天再浇1次缓苗水，3～5天成活，7天后萌发新叶，说明幼苗成活。此期不需要施肥。

(2)蹲苗期管理　从9月上旬至9月中下旬。此阶段目标是促进根系生长和新叶分化防徒长。

①温度调控　此期温度要降下来，白天控制在18℃～22℃，晚上8℃～10℃，加大昼夜温差有利于根系的生长而防止茎叶徒长。

②肥水管理　此期间尽量少浇水，保持土壤见干见湿。应以中耕蹲苗为主，期间中耕2～3次，深度5厘米，有利于保墒，促根系生长。

③病虫害防控　此期主要病虫害有猝倒病和蚜虫、菜青虫，

防治方法见第四章病虫害防控篇部分。

(3)茎叶生长期管理 从9月下旬至10月下旬。此阶段目标是以防病促地上部生长为主，为球茎膨大奠定基础。

①温度调控 白天保持20℃～25℃，夜间10℃～12℃，促进茎叶生长。

②肥水管理 待植株健壮，叶色浓绿时结束蹲苗，5～7天浇1次水，此间要小水勤浇，保持土壤湿润，7～8片叶时第一次追肥，追施尿素10千克。

③病虫害防控 此期应加强菌核病防控，具体措施参照第四章病虫害防控篇部分。

(4)球茎膨大期管理 此阶段从10月下旬至12月上旬。重点是促进球茎膨大。

①温度调控 当露地气温下降至5℃时，要关闭温室底部风口，并备好草苫。当室外气温下降至0℃左右，室内温度下降至6℃时，晚上开始覆盖草苫。昼温在18℃～25℃，夜温在8℃～12℃，10厘米地温在13℃～23℃，有利于球茎的生长。

②肥水管理 进入球茎膨大期，应加强肥水管理，进行第二次追肥，追施三元复合肥20千克，间隔20天左右再追肥1次，用量同第二次，在收获前不再施肥。深秋和冬季应控制浇水，浇水应在晴天10～11时进行，并注意加强通风排湿，防止湿度过大发生病害。如后期缺肥，叶片黄化时，喷施0.3%尿素或叶面喷施0.3%磷酸二氢钾，促进生长。浇水后要有连续3天以上的晴天，每次浇水量都不要过大，以防水大造成死苗。采收前10天停止追肥、浇水。

③病虫害防控 此期应加强菌核病防控，具体措施参照第四章病虫害防控篇部分。

(5)收获期 12月上旬至翌年1月上旬。选择市场价格高随时采收上市。若延迟上市，应温度控制得低一些，早晨降至5℃～6℃，最低不能低于3℃，白天16℃～20℃，保持植株缓慢生长。

此期不再追肥，可每隔10～15天浇1次水，并叶面喷施0.3%尿素或0.3%磷酸二氢钾溶液，促进生长防止地上部茎叶黄化。并注意各种病虫害的防控。

（四）商品苗培育

详见本章第二节秋冬茬芹菜—育苗—早春茬黄瓜中商品苗培育部分。

（五）冬春茬番茄生产关键技术

1. 品种与秧苗　选择优质、高产、抗病、抗逆性强的番茄品种，如天马54、欧盾、欧帝等。可购买优质商品苗或自育幼苗，详见本章第二节全年一大茬番茄部分。只是育苗期正值低温季节，需要有临时加温设备，苗龄需45天左右。

2. 定植前准备与定植　定植前施肥整地、棚室消毒及定植等参见本章第二节全年秋冬茬芹菜—育苗—早春茬黄瓜中黄瓜部分。

3. 定植后的管理

（1）定植至第一穗果坐住　从2月下旬至3月下旬。此阶段管理目标是控上促下，促根生长，蹲好秧苗。缓苗中耕后，安装滴灌管，然后在垄台边开小沟，覆盖地膜。

①环境调控　缓苗期白天28℃～32℃，夜间14℃～16℃。缓苗后，白天26℃～28℃，夜间12℃～14℃，注意通风排湿。加强中耕松土，促进根系发育，一般需中耕3～4次。保持地温15℃以上。温度适宜的情况下，早揭晚盖草苫，保持棚膜清洁，温室后墙张挂反光幕，尽量增加光照。

②肥水管理　浇足缓苗水的前提下，温度低，尽量少浇水。如旱可以滴灌1～2次，每667米^{2}每次灌水6～10米^3。

③植株调整及保果疏果　参照本章第二节全年一大茬番茄部分。

④病虫害防控　要加强环境调控，注意通风排湿，防止叶面

结露，浇水应选晴天上午，阴天注意放风。此阶段需重点防控的病害主要有早疫病、晚疫病及灰霉病，具体措施参见第四章病虫害防控篇部分。

(2)第一穗果坐住至上市前管理 此阶段从3月下旬至5月上旬。管理重点是合理调控环境，加强肥水管理，促进果实膨大。

①环境调控 白天控制25℃～28℃，夜间12℃～14℃，地温保持在18℃以上，最低不能低于12℃。此阶段如果天气好光照强时注意温度，白天超过30℃打开顶部通风口，午后降至20℃关闭风口。温度适宜的情况下，早揭晚盖草苫，保持棚膜清洁，温室后墙张挂反光幕，尽量增加光照。

②肥水管理 番茄第一穗果70%长有樱桃大小时表明已坐住，这时要浇第一次催果水。果实膨大期至第一穗果采收每隔5～10天滴灌1次，每667米^{2}每次灌水10米^3，每次加肥5千克；根据番茄长势，可隔水加1次肥。建议使用滴灌专用肥，要求养分含量要高，含有中微量元素。氮、磷、钾比例前期约1.2∶0.7∶1.1，后期约1.1∶0.5∶1.4。一般在灌水20～30分钟后进行加肥，以防施肥不均或不足。

③植株管理与保花保果 随着植株生长，及时摘除下部的老叶、病叶和侧枝、侧芽，清出室外集中深埋销毁。第五穗花蕾出现后，留3～4片叶摘心。其他参见本章第二节全年一大茬番茄部分。

④病虫害防控 此阶段易发生叶霉病、溃疡病、粉虱、蚜虫等病虫害。要以预防为主，加强栽培管理，增强植株抗病性。加强通风管理，降低湿度，减少病害发生。注意连阴天防控病害时，尽量使用烟剂或粉尘剂，尽量降低棚室湿度。具体病虫害防控措施参见第四章病虫害防控篇部分。

(3)结果中后期管理 从5月中下旬至7月上旬。此阶段外界温度与光照条件有利于番茄植株生长，主要是控制病害，加强肥水管理，促进植株生长，防止早衰。

①**环境调控** 加强放风管理，防止室内高温烤棚造成死秧。温室内温度高于32℃要加大放风量。当室内最低气温高于15℃时，开始逐渐由小到大打开底部放风口，与顶部风口形成对流，以利通风排湿。当外界夜间最低气温高于13℃时，开始进行昼夜通风。

②**肥水管理** 此阶段是采收盛期，温度适宜，蒸发量大，要增加浇水量和浇水次数。每隔1～2天滴灌1次，每667米^{2}每次灌水10～15米^3，每次加肥6～10千克；根据番茄长势，可隔水加肥1次。此阶段氮、磷、钾比例前期约1.1∶0.5∶1.4，后期约1∶0.3∶1.7。

③**植株管理及保花保果** 同前述。

④**病虫害防治** 此阶段要重点防控叶霉病、溃疡病、粉虱、蚜虫等病虫害，防治方法参见第四章病虫害防控篇部分。

十、越冬茬西葫芦—越夏茬番茄

（一）高效实例

该模式是在河北省邢台市南和县发展起来的一种日光温室高效栽培模式。适宜河北省冀南地区，越冬茬西葫芦每667米^{2}产量12 000～15 000千克，扣除种苗、农药、肥料、棚膜、保温被等农资成本约5 600元，在不计人工成本和设施折旧的情况下，每667米^{2}产值2.5万元左右。越夏茬番茄667米^{2}产量5 000千克以上，扣除种苗、农药、肥料等农资成本约2 300元，在不计人工成本和设施折旧的情况下，每667米^{2}产值8 000元以上。全年产值（不计人工和设施折旧）3.3万元以上。

（二）茬口安排

越冬茬西葫芦10月中旬育苗，11月中旬定植，元旦前后始收，5月底拉秧；越夏茬番茄3月下旬至4月上旬育苗，5月下旬至6月上旬定植，7月中下旬始收，10月份拉秧。

（三）越冬茬西葫芦生产关键技术

1. 品种选择 应选择早熟、高产、耐低温弱光的品种，如法国冬玉、法拉利等，长势旺盛，抗病性强，中早熟，单株连续结果20～25个，每667米^{2}产量15 000千克左右。瓜条粗细均匀，颜色嫩绿，光泽度好，品质佳，商品性好。

2. 购买或自育秧苗 提倡到正规集约化育苗场购买优质秧苗。秧苗应具有2～3片真叶，株高15厘米左右，叶片肥厚，深绿色，根系发达为乳白色，无病虫斑痕。自育幼苗可参照本章第二节全年一大茬黄瓜进行，只是可不嫁接育苗。

3. 定植前准备 每667米^{2}施腐熟有机肥10 000千克，三元复合肥100千克，腐熟饼肥150千克，尿素15～20千克，深翻25～30厘米。做成宽1米、高0.1～0.15米、沟宽80厘米的高垄畦。冬季为提高地温，建议采用秸秆生物反应堆技术。温室消毒及秸秆反应堆技术等详见本章第二节全年一大茬黄瓜部分。

4. 定植 在高垄畦上定植按行距80厘米、株距50厘米双行开穴定植，栽植密度为每667米^2 1 400～1 500株，定植后及时浇透水。

5. 定植后的管理 参照本章第二节全年一大茬西葫芦部分。

（四）越夏茬番茄生产关键技术

选择耐热、抗病（重点是病毒病）、优质、高产的番茄品种，如惠丽、金棚系列、格雷等。育苗、定植前准备、定植及定植后的管理等过程可参照本章第二节越冬茬黄瓜套种苦瓜—夏秋茬番茄中的夏秋茬番茄部分。应特别加强病虫害防控，严防蚜虫、粉虱等，防止病毒病发生与传播。

十一、越冬茬薄皮甜瓜—夏秋茬番茄

（一）高效实例

该模式是近几年在河北省乐亭县发展起来的一种日光温室

高效栽培模式。甜瓜一般每667米^{2}产量6000千克左右，扣除种苗、农药、肥料、棚膜、草苫等农资成本约6000元，在不计人工成本和设施折旧的情况下，每667米^{2}产值约4.8万元。番茄每667米^{2}产量5000千克左右，扣除种苗、农药、肥料等农资成本约2000元，在不计人工成本和设施折旧的情况下，每667米^{2}产值6000～8000元。全年产值（不计人工和设施折旧）5.4万元以上。

（二）茬口安排

越冬茬薄皮甜瓜，10月中下旬育苗，11月下旬至12月上旬定植，翌年2月下旬开始采收，5月下旬拉秧。番茄5月下旬至6月中旬在温室内育苗，6月下旬至7月中旬定植，9月中下旬始收，10月底拉秧。

（三）越冬茬薄皮甜瓜生产关键技术

1. 品种与秧苗　甜瓜要选择抗逆性强、耐低温、早熟、商品性好、结果力强的品种，如绿宝石、绿太郎、千玉六、永甜十三、金典、翠玉、含翠、绿香甜等。砧木选用白籽南瓜。可参照本章第二节秋冬茬脆瓜—早春茬羊角脆中的脆瓜部分购买优质商品嫁接苗或自育嫁接苗。

2. 定植前准备

（1）整地施肥　每667米^{2}撒施充分腐熟的有机肥3000～5000千克，或适量的生物菌肥如木美土里等，硫酸钾型三元复合肥60～100千克，深翻土壤30～40厘米，将粪肥均匀深翻混入土壤，耙细整平。按垄距90～110厘米，垄台高20厘米，南北向起垄，垄宽40厘米左右。

（2）扣棚与消毒　选用防雾、防水滴、防老化的聚乙烯棚膜，扣棚应在定植前20天即11月上中旬完成，棚内扣第二层薄膜在11月下旬完成。定植前5～7天采用药剂熏蒸法进行棚室消毒，方法参照本章第二节全年一大茬黄瓜部分，消毒结束要注意通风至无气味。定植前3～5天浇透水，在垄台上开15厘米深的浅沟，每 667 米^2 沟施三元复合肥 15～20 千克，为防地下害虫顺垄沟对水浇施 50%辛硫磷乳油 1 千克，然后封垄再浇足水。待水下渗，将垄面整平。

3. 定植 每 667 米^2 定植 2 800～3 000 株。在高垄畦上单行定植，株距 20～25 厘米，采用水稳苗的方法定植，在垄背上开沟浇水，将苗坨按株距摆好，水下渗后定植，埋土时苗坨与垄台持平。在吊蔓前盖好地膜。

4. 定植后的管理

(1)定植至第一茬瓜坐住

①定植后第一周 为定植后新根萌发期，较高的温度有利于根系发育。应保持棚温白天 30℃～35℃，夜间 15℃左右。

②定植后第二周 瓜秧心叶开始生长时，说明缓苗完成，白天温度控制在 28℃～30℃，夜间 15℃～10℃。中耕后覆盖地膜，及时吊蔓，第二周结束时可浇 1 次小水，水量控制在垄台的一半。

③定植后第三周至第四周 及时摘除 8 叶以下子蔓，及时绕蔓。温度白天控制在 25℃～30℃，夜间 10℃～13℃。

④定植第五周至第六周 从瓜秧的 8 片叶开始留瓜，带瓜胎子蔓，每株留 4～5 个，瓜胎上面留 1～2 片叶摘心。下部和上面的子蔓全部摘除。此期喷施 1 次预防霜霉病、炭疽病和细菌性病害的药剂(详见第四章病虫害防控篇部分)，喷药后浇小水，水量至垄台一半即可，随水冲施硫酸钾型三元复合肥(氮、磷、钾比例为16∶8∶24)20 千克。此期若瓜秧出现节间拉长、徒长现象时，可用烯效唑 2 克对水 15 升，用手持喷雾器在瓜秧生长点喷一下。温度白天控制在 25℃～30℃，夜间 10℃～15℃。

⑤定植后 7～8 周 进入开花期，采用人工授粉或熊蜂授粉方式进行授粉。并及时绕蔓整枝。白天控制在 25℃～30℃，夜间 12℃～16℃，棚内空气相对湿度 70%～80%。此期及以后，每隔 15 天喷施 1 次防治霜霉病、细菌性病害的药剂(详见第四章病虫害防控篇部分)。

(2)第一茬瓜膨大期 温度白天控制在28℃～32℃，夜间13℃～18℃。瓜胎开始进入快速膨大期，及时浇水，水量没过垄台，随水冲施硫酸钾型三元复合肥（氮、磷、钾比例为16∶8∶24）50千克。在膨瓜肥水后5天左右，进行疏瓜，摘除小瓜、病瓜、残瓜，留大小基本一致的瓜3～4个。

(3)第二、第三茬瓜管理 当植株长至25～28片叶时摘心。第一茬瓜授粉后30天左右开始授粉第二茬瓜，第二茬瓜从20片叶以上子蔓开始留瓜胎3～4个。温度、水肥、整枝、疏瓜等管理同第一茬瓜的管理。第三茬瓜在摘心后长出的孙蔓上留3～4个瓜，温度、水肥、整枝、疏瓜等管理同第一茬瓜的管理。二茬瓜和三茬瓜期间，随着气温升高，防治病虫害是关键，要注意防治霜霉病、白粉病、疫病、细菌性角斑病、白粉虱、蚜虫等多种病虫害。

（四）夏秋茬番茄生产关键技术

品种选用天赐328、虹运708、天赐595、东圣t05、夏妃2号等。参照本章第二节越冬茬黄瓜套种苦瓜—夏秋茬番茄中的夏秋茬番茄部分。

第三节 普通日光温室结构类型与性能特点

普通日光温室结构较高效日光温室结构简单，投资少，但由于保温能力差，深冬季节不能满足喜温果菜类蔬菜生产对环境的要求。

一、结构类型

（一）土墙日光温室

土墙日光温室的规格：温室跨度8～8.5米，脊高2.8～3米，墙体底部厚度3米，顶部厚度1米。无后坡，温室不下挖。土墙体采用机械压制而成。前屋面骨架采用竹木骨架，竹木骨架下方设4排立柱，由南向北水泥立柱截面由南向北分别为6厘米、8厘米、10厘米和10厘米见方。

（二）砖墙日光温室

砖墙日光温室的规格：温室跨度7.5～8.5米，脊高3.3米，后墙高2.2～2.4米，后墙厚度0.5～0.6米，山墙厚度0.37米，后坡长度1～1.5米。山墙和后墙采用空心砖、砌块砖等材料建造，墙体外侧可贴聚苯板保温。后坡采用水泥板和草泥建造。前屋面骨架采用全钢骨架、钢竹混合骨架或竹木骨架，后坡下方设1排水泥立柱，采用竹木骨架的前屋面下方设3排立柱，由南向北水泥立柱截面分别为6厘米、8厘米、10厘米见方。

二、性能特点

冬季晴天室内最低温度一般不低于5℃，采光充分，前后排温室之间不遮光，能满足耐寒及半耐寒蔬菜的越冬生产。

三、配套装备

同本章第一节高效日光温室部分。

第四节　普通日光温室高效生产模式与配套技术

一、秋冬茬番茄—早春茬黄瓜

（一）高效实例

该模式为河北省邯郸市馆陶县日光温室近几年普遍采用的一种高效栽培模式。通过引进新品种、黄瓜嫁接等新技术，该模式的效益逐年提高，已成为馆陶县逐步推广的种植模式之一。番

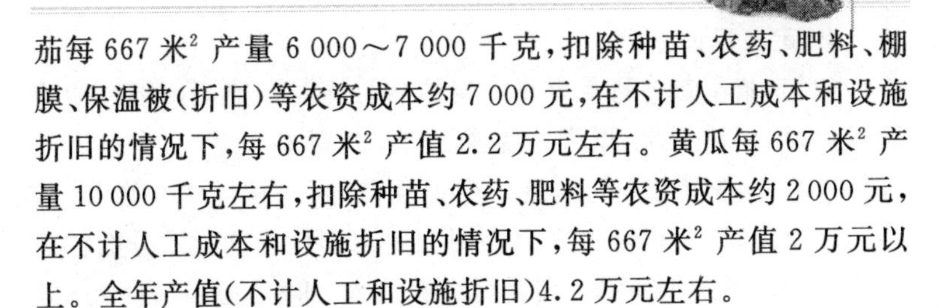

茄每 667 米^2 产量 6 000～7 000 千克，扣除种苗、农药、肥料、棚膜、保温被（折旧）等农资成本约 7 000 元，在不计人工成本和设施折旧的情况下，每 667 米^2 产值 2.2 万元左右。黄瓜每 667 米^2 产量 10 000 千克左右，扣除种苗、农药、肥料等农资成本约 2 000 元，在不计人工成本和设施折旧的情况下，每 667 米^2 产值 2 万元以上。全年产值（不计人工和设施折旧）4.2 万元左右。

（二）茬口安排

秋冬茬番茄在 6 月下旬育苗，7 月下旬定植，翌年 1 月份拉秧；早春茬黄瓜 12 月中旬育苗，翌年 1 月下旬定植，收获至 7 月份拉秧。

（三）秋冬茬番茄生产关键技术

1. 品种与秧苗　选用抗病毒特别是抗番茄黄化曲叶病毒病、商品性好的品种，如博雅、罗拉、瑞粉 882、威霸、荷兰 8 号、爱吉 112 等。购买或自育健壮幼苗参照本章第二节越冬茬黄瓜套种苦瓜—夏秋茬番茄中的夏秋茬番茄部分进行。

2. 定植前准备　每 667 米^2 施有机肥或腐熟鸡粪 6 000 千克，硝硫基缓释肥 50 千克，生物菌肥 40 千克，过磷酸钙或硫酸钙 50 千克，硫酸镁 5～10 千克，硫酸亚铁 5～10 千克，硫酸锌 2 千克，硼砂 1～2 千克，硫酸铜 1～2 千克，预防土传性病害用 50%多菌灵可湿性粉剂 2～3 千克，预防地下害虫用 3%辛硫磷颗粒剂 2～4 千克。连作时间长的温室中，适当增加中微量元素肥料，深耕 25 厘米以上。参照本章第二节一大茬黄瓜部分进行高温闷棚或棚室消毒。整地起垄，垄宽 60～70 厘米，沟宽 70～80 厘米。选用茂金属无滴膜或聚烯烃膜。

3. 定植　在垄上按行距 50 厘米、株距 35～40 厘米开穴双行定植，每 667 米^2 定植 2 400～2 800 株。定植前可用 68%精甲霜·锰锌水分散粒剂 500 倍液，对定植穴进行喷施，浇透定植水。

4. 定植后的管理

(1)定植至第一穗果坐住 定植后日光温室遮阴降温。待地面干燥时,中耕1次,增强土壤通透性,以利根系生长,中耕后灌35%甲霜·噁霉灵600倍液+生根壮苗剂,每棵灌100毫升,防治苗期病害,同时也可加入70%吡虫啉可湿性粉剂或水分散粒剂5000倍液,预防烟粉虱。缓苗后浇提苗水,随水冲施10千克速效冲施肥,可用22∶9∶9硝硫基硝酸磷钾,也可用甲壳素液体肥,促进秧苗生长。之后适当控水控肥,防止幼苗徒长。

(2)结果期管理 番茄采用单干整枝方式,每株留6～7穗果,留齐果后摘心,及时疏除植株新生的侧枝。第一穗果长到鸡蛋大小时结合浇水追肥。之后,每穗果膨大时结合浇水各追肥1次。及时整枝打杈,加强病虫害防控。其他参照本章第二节越冬茬黄瓜套种苦瓜—夏秋茬番茄中的夏秋茬番茄部分。

(四)早春茬黄瓜生产关键技术

1. 品种与秧苗 选用耐低温、早熟、抗病、商品性好的品种,如津优308、津优35、津优303、冀美之星、津美之星等。购买或自育秧苗参见本章第二节全年一大茬黄瓜部分。只是此茬育苗期温度低,自育秧苗应配备临时加温设备,育苗期也长些,苗龄30～35天。

2. 定植前准备 每667米^{2}施有机肥或腐熟鸡粪4000～6000千克,硫酸钾型三元复合肥50千克或硝硫基缓释肥50千克,生物菌肥40千克,过磷酸钙或硫酸钙50千克,硫酸镁5～10千克,硫酸亚铁5～10千克,硫酸锌2千克,硼砂1～2千克,硫酸铜1～2千克,预防土传性病害用50%多菌灵可湿性粉剂2～3千克,预防地下害虫用3%辛硫磷颗粒剂2～4千克。深耕25厘米以上。耙平后起垄,垄宽70厘米,垄高20～25厘米,垄间距70厘米。在垄中间挖15厘米深的沟作为膜下灌水沟,棚室采用熏蒸法消毒详见本章第二节全年一大茬黄瓜部分。

3. 定植 定植前3～5天在灌水沟内浇水浸沟，在垄上按行距50厘米、株距28～30厘米开穴，双行定植，形成宽窄行栽培，大行距为90厘米，小行距50厘米。每667米^{2}定植密度在3200～3400株。定植穴内浇定植水，以周围直径10厘米都能渗透水为宜。

4. 定植后的管理

(1)定植至根瓜坐住 从1月下旬至3月上旬。此期关键是促进秧苗健壮生长，尤其是根系生长。缓苗期间，白天温度28℃～30℃，夜间15℃左右。用噁霉灵＋生根剂灌根1次，深中耕2～3次，促使根系下扎，达到苗壮而不旺，中耕后盖地膜。缓苗后白天温度25℃～28℃，夜间保持12℃～14℃。寒冷季节，每天也要通风换气排湿，但放风量要小，时间要短。及时打掉7叶以下的雌花，从8片叶开始留瓜，并及时吊蔓。土壤相对含水量降至65%以下时浇水，浇水后要注意保温降湿，行间覆盖玉米秸秆可有效降低空气湿度。病虫害防控可参照本章第二节全年一大茬黄瓜和第四章病虫害防控篇部分。

(2)结果前期 从3月上旬至3月下旬。白天温度控制在26℃～30℃，夜间温度不低于12℃。根瓜坐住后，及时结合浇催瓜水施催瓜肥，可随水冲施5千克平衡型20∶20∶20水溶肥；之后及时打杈，摘除残花、病叶、瓜须、无效瓜、弯瓜、病瓜、畸形瓜，及时吊蔓。每10～15天结合浇水每667米^{2}施冲施肥10～20千克或水溶肥5～10千克。增施生物菌肥(如枯草芽孢杆菌、甲壳素类)对促进根系发育、防病壮苗作用明显，可根据商品说明书使用。

(3)结果中后期 从4月上旬至7月中旬。此期温度逐渐升高，光照增强，温室内温度高于32℃要加大放风量。当室内最低温度高于15℃时，开始逐渐由小到大放底风，与顶部风口形成对流，以利于通风排湿。当外界夜间最低气温高于13℃时，开始进行昼夜通风。7～10天浇1次水，每次每667米^{2}随水追施高钾型冲施肥 20 千克。及时整枝、绕蔓和落蔓，保证行间通风透光。

其他参见本章第二节秋冬茬芹菜—育苗—早春茬黄瓜中的早春茬黄瓜部分。

二、秋冬茬芹菜—早春茬番茄

（一）高效实例

该模式是近几年在河北省廊坊市安次区等地发展起来的一种日光温室高效栽培模式。秋冬茬种植芹菜，芹菜收获后种植番茄。芹菜一般每 667 米^2 产量 5 000～7 000 千克，扣除种子、肥料、农药、棚膜和保温被或草苫（折旧）等农资成本 4 000 元左右，在不计人工成本和设施折旧的情况下，每 667 米^2 年产值 8 000 元。番茄一般每 667 米^2 产量 5 000 千克左右，扣除种子、肥料、农药等农资成本 3 000 元左右，在不计人工成本和设施折旧的情况下，每 667 米^2 年产值 6 000～7 000 元。每 667 米^2 全年产值（不计人工和设施折旧）1.5 万元左右。

（二）茬口安排

秋冬茬芹菜于 7 月 1 日前后育苗，9 月上中旬定植，翌年 1～3 月份采收。早春番茄 11 月下旬至 12 月中旬育苗，翌年 2 月下旬至 3 月上旬定植，5 月上中旬开始采收，7 月上旬拉秧。

（三）秋冬茬芹菜生产关键技术

1. 品种与秧苗　参照本章第二节秋冬茬芹菜—育苗—早春茬黄瓜中的芹菜部分。

2. 施肥与整地　一般每 667 米^2 施 5～10 米^3 腐熟有机肥，磷酸二铵 25 千克，硫酸钾 25 千克，三元复合肥（氮、磷、钾比例为 15∶15∶15）50 千克，深翻土壤 25 厘米以上，整平做畦，畦宽 1.1～1.2 米。

3. 定植　9 月上中旬定植，苗床在定植前 1～2 天浇水，定植时连根挖起芹菜苗，尽量少伤根，淘汰病苗、弱苗，大、小苗分开，

随起苗随栽植。行距 35 厘米。培育大株型的，株距 30 厘米，每 667 米^2 栽 6 000～7 000 株；培育中株型的，株距 25 厘米，每 667 米^2 栽 7 000～8 000 株。栽植深度以原苗入土深度为准，栽后要立即浇水，使幼苗根系与土壤紧密结合。

4. 定植后的管理　参照本章第二节秋冬茬芹菜—育苗—早春茬黄瓜中的芹菜部分。只是注意在此模式中，芹菜采收期较晚，应注意加强后期温湿度调控、肥水管理及病虫害防控。

(四)早春茬番茄生产关键技术

1. 品种与秧苗　选择抗病、抗逆性强、商品性好、高产、耐贮运的番茄品种，如爱吉 115、爱吉 142、中研冬悦等。购买或自育幼苗参见本章第二节全年一大茬番茄部分，只是此茬番茄育苗期处于低温季节，自育幼苗应在温控条件好的温室内进行，遇有持续低温雾霾天气时，应通过临时加温和多层覆盖进行增温保温，通过补光灯改善光照条件，保证幼苗处于适宜生长环境。

2. 定　植

(1)整地施肥　每 667 米^2 施用充分腐熟的鸡粪 10～12 米^3，适量生物菌肥，磷酸二铵 50 千克，硫酸钾 60 千克，有沼气池的地方可施入一定量的沼渣作为有机肥，以上肥料 2/3 撒施、1/3 沟施，混匀耙平。采用高畦或瓦垄畦。垄高 15 厘米，宽 80～90 厘米，垄距 30～40 厘米。

(2)定植　3 月上旬定植，根据品种特性、整枝方式等确定定植密度。每 667 米^2 栽 2 000～3 000 株，采用宽窄行定植，适当深栽。

3. 定植后的管理

(1)定植至缓苗期管理　定植时不宜浇大水，以防温度低、湿度大，影响缓苗。此阶段应保持较高的温度，白天温度 25℃～30℃，夜间 15℃～18℃。定植后 5～7 天，新叶开始生长时浇缓苗水。

(2)缓苗后至第一穗果坐住 缓苗后白天温度控制在20℃～25℃，夜间温度12℃～15℃。在第一穗果坐住前，尽量少浇水，干旱时浇小水，防止水分过大造成番茄秧苗徒长。单干整枝，侧枝长到5厘米以上时及时疏除，打杈时要选择晴天上午，注意操作时尽量减小伤口。第一穗花序开花后白天温度25℃～30℃，夜间15℃左右，并及时采取保花保果措施(详见本章第二节全年一大茬番茄部分)。随着温度升高，可同时打开底部和顶部风口，避免棚室内温度高、湿度大，植株染病。此期重点防控灰霉病、叶霉病、白粉虱、蚜虫等，具体措施参见第四章病虫害防控篇部分。

(3)结果期管理

①环境调控 此阶段外界温度升高，光照增强。要加强通风、降温、排湿管理。白天温度控制在28℃～30℃，空气相对湿度尽量控制在70%以下。当白天温度高于32℃，或空气相对湿度大于85%时，要加大放风量。当外界夜间气温稳定在15℃以上时，可进行昼夜通风，并逐渐开始由小到大放底风，后期注意避免发生高温障碍。

②肥水管理 第一穗果80%长到核桃大小时，浇1次膨果水，每667米^{2}结合浇水追施三元复合肥15～20千克，同时可追施沼渣或沼液，沼液灌根追肥可随浇水进行，每667米^{2}用量为500千克左右。以后根据天气4～6天浇1次水。每穗果的膨果期都要浇1次膨果水，施1次膨果肥(肥料同上)，在生长中后期可叶面喷施0.2%～0.3%磷酸二氢钾溶液补充营养。为预防脐腐病可喷洒1%过磷酸钙，或0.1%硝酸钙及1.8%复硝酚钠水剂6 000倍液，每隔10～15天喷1次。

③植株管理 及时整枝打杈，当第五穗花序开花时，上面留2片叶摘心。及时摘除底部老叶和病叶，以改善通风条件。

④病虫害防控 此期重点防控早疫病、晚疫病、枯萎病、病毒病、蚜虫、白粉虱、潜叶蝇、菜青虫、棉铃虫等，详见第四章病虫害防控篇部分。即使到了拉秧前，对病害仍要适当控制，不能使其

全面毁秧、四处蔓延，造成病原积累，祸及下茬。

4. 采收　及时分批采收，避免坠秧，以确保商品果品质，促进后期果实膨大。产品质量符合 NY 5005 的要求。

三、秋冬茬番茄—冬春茬厚皮甜瓜

(一)高效实例

该模式适合河北省中南部地区，也是饶阳县最典型的高效种植模式之一。该模式避开了每年最冷的深冬季节以及深冬持续雾霾天气对生产的影响，生产的风险降低。秋冬茬番茄每 667 米^2 产量 5 000 千克以上，冬春茬厚皮甜瓜每 667 米^2 产量 5 000 千克左右，扣除种子、肥料、农药、棚膜、保温被(折旧)等农资成本 8 000 元左右，两茬年产值(不计人工和设施折旧)可达 2.8 万～3.5 万元。

(二)茬口安排

秋冬茬番茄 7 月初育苗，8 月上旬定植，11 月初采收上市；冬春茬厚皮甜瓜 12 月下旬前后育苗，翌年 1 月底至 2 月初定植，4 月上旬采收上市，6 月中下旬拉秧。

(三)秋冬茬番茄生产关键技术

1. 品种与秧苗　选用抗番茄黄化曲叶病毒病品种，如迪芬尼、巴黎红、荷兰八号、宾利、浙粉 702 等。购买或自育秧苗可参见本章第二节越冬茬黄瓜套种苦瓜—夏秋茬番茄中的夏秋茬番茄部分。

2. 定植　定植前结合整地每 667 米^2 施入腐熟优质有机肥 10 000 千克，尿素 10 千克，硫酸钾 20 千克，过磷酸钙 50 千克。棚室消毒、整地起垄及定植方法参照本章第二节全年一大茬黄瓜部分进行。采用膜下滴灌或沟灌方式。定植时大行距 80 厘米，小行距 50 厘米，株距 45 厘米，每 667 米^2 定植 1 800～2 200 株。

3. 定植后的管理　采用单干整枝。单株留 6～7 穗果摘心，每穗留 3～5 个果。前期管理参照本章第四节秋冬茬番茄—早春茬黄瓜中的秋冬茬番茄，后期管理参照本章第二节全年一大茬番茄进行。

（四）冬春茬厚皮甜瓜生产关键技术

1. 品种与秧苗 选用伊丽莎白、久红瑞、丰雷、景甜、元首、玉金香等高产优质品种。购买或自育嫁接苗参照本章第二节秋冬茬脆瓜—早春茬羊角脆中的早春茬羊角脆部分。

2. 定植 定植前结合整地每 667 米^2 施入腐熟优质有机肥 5 000～8 000 千克，尿素、硫酸钾各 20 千克，过磷酸钙 50 千克。棚室消毒（熏蒸消毒）、整地起垄及定植方法参照本章第二节全年一大茬黄瓜部分进行，采用膜下滴灌或膜下沟灌方式。定植时大行距 90 厘米，小行距 40 厘米，株距 35 厘米，每 667 米^2 定植 2 200～2 500 株。

3. 定植后的管理 采用单蔓整枝，在 12～16 节选留 1～2 个健壮子蔓结瓜，主干 22～28 节时摘心，留二茬瓜的可于主干最上端留 3 个侧芽。开花当天或开花前 1～2 天上午 9～10 时用坐瓜灵（0.1%噻苯隆）蘸花或喷瓜胎，5 克药剂对水 1～1.5 升。

其他管理可参照本章第二节秋冬茬脆瓜—早春茬羊角脆中的早春茬羊角脆部分。

四、秋冬茬番茄—冬春茬番茄

（一）高效实例

该模式是近 20 年藁城市多数农户规模种植的一种高效优化模式，秋冬茬番茄每 667 米^2 产量 6 000 千克左右，平均每千克售价 3.5 元，产值约 2.1 万元，扣除种苗、肥料、农药等农资成本约 3 000 元，不计人工成本和设施折旧的情况下产值 1.8 万元。冬春茬番茄，每 667 米^2 产量 7 000 千克左右，平均每千克售价 2.5 元，产值约 1.75 万元。扣除种苗、肥料、农药、棚膜、保温被（折旧）等农资

成本约 6 000 元，不计人工成本和设施折旧的情况下产值约 1.25 万元。两茬番茄产值（不计人工和设施折旧）在 3 万元以上。

（二）茬口安排

秋冬茬番茄于 6 月下旬育苗，7 月下旬定植，10 月初开始采收，12 月中下旬收获完毕。冬春茬番茄在 11 月中旬育苗，苗龄 40～45 天，于 12 月底定植，翌年 4 月初开始采收，6 月下旬采收完毕。

（三）秋冬茬番茄生产关键技术

1. 品种与秧苗　选择优质、高产、抗番茄黄化曲叶病毒病、抗逆性强的番茄品种，如欧官、金鹏 10 号等。购买或自育健壮幼苗参照本章第二节越冬茬黄瓜套种苦瓜—夏秋茬番茄中的夏秋茬番茄部分。

2. 定植与定植后的管理　定植前整地施肥、棚室消毒、定植及定植后管理参见本章第四节秋冬茬番茄—早春茬黄瓜中的秋冬茬番茄部分。只是采用膜下滴灌方式，定植后及时滴灌 1 次透水，每 667 米^2 每次灌水 20～25 米^3，可随水冲施生根肥，如根多多、多维肥精等生根的肥料，每 667 米^2 可用 5 千克，有利于番茄生根，加速缓苗。苗期和开花期旱时浇 1 次小水，每 667 米^2 灌水 6～10 米^3。果实膨大期至采收期温度降低，可每隔 15 天左右沟灌 1 次，每 667 米^2 每次灌水 15～20 米^3，每次冲肥 8～10 千克；根据番茄长势，可适当隔水加肥。拉秧前 10～15 天停止沟灌施肥。冲肥要求养分含量要高，含有中微量元素，氮、磷、钾比例前期约 1.2∶0.7∶1.1，中期约 1.1∶0.5∶1.4，后期约 1∶0.3∶1.7。

（四）冬春茬番茄生产关键技术

1. 品种与秧苗　选择优质、高产、抗病、抗逆性强的番茄品种，如天马 54、欧盾、欧帝等。购买或自育秧苗参考本章第四节秋冬茬芹菜—春茬番茄中的春茬番茄部分。

2. 定植及定植后管理　定植前施肥整地、棚室消毒、定植参照秋冬茬番茄进行，只是这茬番茄定植后处于低温期，12 月份至翌年 3 月份期间注意棚室增温保温，改善光照，控制空气湿度。具体措施可参考本章第二节全年一大茬番茄部分。

五、冬春白菜—春夏黄瓜—秋冬番茄

（一）高效实例

该模式是近几年在河北省石家庄地区发展起来的一种日光温室高效栽培模式。冬春白菜每 667 米^2 产量 8 000～10 000 千克，平均每千克售价 2 元，种子、农药、化肥、棚膜和保温被等农资成本 4 000 元左右，在不计人工和设施折旧的情况下，本茬产值在 1.2 万～1.6 万元；春夏黄瓜每 667 米^2 产量 5 000～7 000 千克，平均每千克售价 2 元，种子、农药、化肥等农资成本约 2 000 元，在不计人工和设施折旧的情况下，本茬产值在 0.8 万～1 万元；秋冬番茄平均每 667 米^2 产量 7 000 千克左右，正值春节期间，平均每千克售价 3 元，种子、农药、化肥等农资成本 2 000～3 000 元，在不计人工和设施折旧的情况下，本茬产值 1.8 万～1.9 万元。该模式每 667 米^2 全年产值（不计人工和设施折旧）4 万元以上。

（二）茬口安排

日光温室冬春白菜，1 月中下旬播种育苗，2 月中旬定植，4 月上中旬收获，保证 4 月底前收获完毕，防止抽薹失去商品价值。春夏黄瓜，3 月中旬播种育苗，4 月底定植，5 月底至 7 月份收获。秋冬番茄，7 月初播种育苗，8 月中旬定植，10 月中旬收获直至翌年 1 月份。

（三）冬春白菜生产关键技术

1. 选用适宜品种 早春白菜品种选用产量高、耐抽薹、耐低温弱光、抗病性强、生育期短的品种，如强势、良庆、菊锦等。

2. 培育秧苗 石家庄地区在 1 月中下旬育苗，采用穴盘基质育苗。基质配比为：废菇料∶蛭石＝2∶1（V∶V），每立方米基质

施肥量为鸡粪4千克和三元复合肥(氮、磷、钾比例为15：15：15)2.5千克。先将各原料过筛,再按照以上比例混合均匀。基质和鸡粪应该充分腐熟。苗床上可铺设电热线进行加温,电热线上覆盖1～2厘米厚的土,将装有基质的穴盘摆放在上面,播种前浇透水,以浇水后穴盘下方小孔有水渗出为宜。点播,每穴1粒种子,播后在穴盘上覆盖地膜,四周压实,保温、保湿。播种到出苗,保持白天在25℃～28℃,夜间20℃左右。50%～60%种芽顶膜时逐步揭去薄膜。出苗后白天温度控制在20℃～25℃,夜间15℃左右。定植前10天左右逐渐加大放风量进行炼苗,育苗期间注意防控蚜虫(详见第四章病虫害防控篇部分)。

3. 施肥与整地　施足基肥,起垄定植,每667米^{2}施用腐熟的优质农家肥3 000千克,三元复合肥50千克,然后翻耕混匀土肥,平整后起垄。垄高10～15厘米,垄宽50厘米,垄距50厘米。

4. 定植　2月中旬幼苗5片叶时为适宜定植时期,选晴天上午,在垄上按株距35厘米带根坨定植。每667米^{2}定植3 500～4 000株。定植苗坨稍隆起或与畦面平,不能下陷。定植后浇透定植水。

5. 定植后的管理

(1)定植至第一叶环形成(团棵)　定植后缓苗期间,白天温度保持在20℃～25℃,夜间13℃～15℃。遇低温天气,应加强保温。缓苗后,适当控苗。白天温度控制在18℃～22℃,夜间在12℃左右。遇晴好天气,放风降温,风口由小到大,逐渐通风。为促进根系发育,要保证地温,以中耕为主,不浇水或少浇水。注意防控蚜虫。

(2)第一叶环形成至开始包心前　此期也叫莲座期。第一叶环形成后开始“促”,每667米^{2}结合浇水追施尿素10千克,复合肥10千克。根据天气和土壤情况,每7天浇1次水,最好在早晚灌溉,以创造凉爽的环境。为防止软腐病发生,切忌大水漫灌。为防干烧心,每5～7天单独交替叶面喷施0.3%硝酸钙和0.3%

硫酸锰溶液。此期白天温度控制在18℃～22℃,夜间在12℃左右。注意防控蚜虫。具体措施详见第四章病虫害防控篇部分。

(3)开始包心后 开始包心后,再追施1次肥料,每667米^{2}施三元复合肥20～30千克。每5～7天浇1次水,早晚灌溉。白天温度控制在18℃～22℃,夜间在10℃～12℃。注意防控蚜虫和软腐病。

6. 采收 春季大白菜关键要注意防止抽薹,包心后要及时挑选结球紧实的植株采收,否则抽薹或腐烂失去商品价值。

(四)春夏黄瓜生产关键技术

1. 品种选择 选择耐低温、瓜码密、早熟、品质好、抗霜霉病和枯萎病的高产品种,如满田700、绿岛1号、津优35、博丽、中农16号等。

2. 培育壮苗

(1)播种 在塑料大棚或日光温室内育苗。种子处理参见本章第二节全年一大茬黄瓜部分。选用72孔穴盘,育苗基质采用低成本育苗基质废菇料(参见大白菜部分)。播种前浇透水,点播,每穴1粒种子,播后在穴盘上覆盖地膜。

(2)苗期管理 出苗前白天保持28℃～32℃,夜间20℃～18℃。50%种子顶膜时揭去地膜,白天20℃～25℃,夜间15℃～12℃。待苗出齐后喷68%精甲霜灵可湿性粉剂600～1 000倍液防病。第一片真叶展开后,白天25℃左右,夜间15℃左右。不旱不浇,如旱可在晴天中午洒水,切忌浇大水,浇水后注意放风排湿,增强光照。定植前7天进行炼苗,白天加大放风量。注意防治白粉虱、蚜虫和斑潜蝇。

壮苗标准:株高12厘米左右,茎粗大于3毫米,壮苗指数大于0.7,生理苗龄为2叶或3叶1心期,子叶完好,节间短粗,叶片浓绿肥厚,根系发达,健壮无病虫害,苗龄35天左右。

3. 施肥与整地 每667米^{2}施优质腐熟有机肥3 000千克,

复合肥 40 千克。将 2/3 有机肥撒施于地面，然后机器翻耕或人工铁锹翻 2 遍，使肥料与土壤充分混匀，平整地面。按 60～70 厘米等行距起垄，或按大行距 80 厘米、小行距 50 厘米的宽窄行起垄，垄高 15 厘米。起垄前将剩余的 1/3 有机肥和全部复合肥集中施于栽培行下，肥土要混匀。

4. 定植　定植时间一般在 4 月底，定植前在垄上摆好滴灌管，用薄膜覆盖在垄上，拉紧压实。在畦面上按照株距 35 厘米挖穴带坨栽苗，宽窄行的在垄上按行距 50 厘米、株距 35 厘米双行定植。每 667 米^2 定植 2 700～3 000 株，定植后采用膜下滴灌方式浇定植水。

5. 定植后的管理

(1)定植到根瓜坐住

①环境调控　此期从 4 月下旬至 5 月上旬。定植后缓苗期间白天保持 28℃～30℃，夜间 18℃左右。缓苗后，白天 25℃～28℃，夜间 12℃～15℃。随着外界气温的不断升高，要加大通风量，尽量保持适温。

②肥水管理　缓苗后(需 7 天左右)浇 1 次缓苗水。之后一般不再浇水，适时深耕垄行间，增温保湿，促根系生长，控地上部生长，促雌花大量形成。

③植株管理　当黄瓜幼苗长出 4～6 片真叶时，采用吊蔓夹吊蔓(详见本章第二节全年一大茬黄瓜部分)。随着植株的生长，及时摘除病叶、老叶、黄叶，以减少养分消耗，改善通风透光条件。

④病虫害防控　此期容易发生霜霉病、灰霉病以及蚜虫、白粉虱危害，应加强防控，防控措施参见第四章病虫害防控篇部分。

(2)结果前期

①环境调控　从 5 月中旬至 5 月下旬，此期白天 25℃～30℃，夜间 15℃～18℃，白天超过 30℃时加大顶部放风量。

②肥水管理　根瓜坐住后开始膨大时，浇催瓜促秧水，结合浇水施肥 1 次，每 667 米^2 施尿素和硫酸钾各 10～15 千克。之后

根据植株及天气情况每5～7天浇1次水、施1次肥。

③植株管理　黄瓜以主蔓结瓜为主，保留主蔓坐瓜。及早摘除侧蔓与卷须，节省养分。根瓜要及时采摘以免坠秧。

④病虫害防控　此期以防控霜霉病为主，并注意防控蚜虫。

(3)结果中期

①环境调控　此期从6月上旬至6月中下旬，以保秧、防病、促结瓜为目的。白天室内温度保持25℃～30℃，夜间15℃～18℃，晴天时尽量加大昼夜温差。

②肥水管理　肥水齐攻，提高早期产量。根据天气情况和土壤湿度，2～3天灌1次水。5～7天追肥1次，每次每667米^{2}施尿素和硫酸钾各15千克。

③植株管理　及时落蔓，同时进行盘蔓并摘掉病叶、老叶、枯叶，加大空间，利于透光，减少养分消耗，便于管理。

④病虫害防控　此期重点防控白粉病、蚜虫和粉虱等，防控措施参见第四章病虫害防控篇部分。

(4)结果后期

①环境调控　6月下旬至7月上旬，正值炎热季节，昼夜加强通风，降低湿度，防止湿度过大导致病害发生。必要时搭遮阳网。

②肥水管理　防止早衰是管理重点，按上一阶段追肥的同时，进行叶面喷肥，用0.3%～0.5%磷酸二氢钾溶液喷洒2～3次，每次间隔4～5天，防止功能叶片早衰，使回头瓜迅速生长。以延长结瓜期，提高后期产量。

③植株管理　结合落蔓及时摘除病叶、老叶、黄叶，以减少养分消耗，改善通风透光条件。生长受阻的可摘心留枝，继续生长。

④病虫害防控　重点防控白粉病和红蜘蛛。防控措施参见第四章病虫害防控篇部分。

(五)秋冬番茄生产关键技术

1. 品种与秧苗　选择抗番茄黄化曲叶病毒病、大果型、产量

高、厚果皮、耐贮性强的品种，如珍奇206、慧玉、金棚11号、金棚8号、浙粉702。购买或自育健壮幼苗详见本章第二节越冬茬黄瓜套种苦瓜—夏秋茬番茄中的夏秋茬番茄部分。

2. 整地施肥　参照本章第二节全年一大茬黄瓜部分进行高温闷棚。只是每667米^{2}有机肥施用量为3 000～5 000千克，氮、磷、钾比例为15∶15∶15的三元复合肥30千克或磷酸二铵15千克和硫酸钾15千克。定植前7～10天按行距80～100厘米起垄，垄高20厘米，宽40厘米。在垄上摆好滴灌管，拉紧。

3. 定植　定植前对穴盘育苗的番茄可以用配好的68%精甲霜灵可湿性粉剂600倍液进行浸盘浸根防控病虫害，即将配好的药液放置在一个大盆或开放的方形容器里，将苗盘放置其中浸泡，以浸透药液为宜，可预防茎基腐病的发生。在垄上按照株距33厘米挖穴带坨栽苗，每667米^{2}定植2 000～2 500株，定植后采用膜下滴灌方式及时浇定植水。

4. 定植后的管理

(1)缓苗期管理　此期从8月中旬至8月下旬。此期温度仍很高，可昼夜通风，白天温度尽量控制在25℃～30℃。定植后2～3天进行补苗，7～10天后浇1次缓苗水。防治烟粉虱是阻断番茄黄化曲叶病毒病传播的关键，也要预防茎基腐病的发生，详见第四章病虫害防控篇部分。

(2)缓苗后坐果前管理

①环境调控　此期从8月下旬至9月上旬，温度仍然较高，要注意放风。白天温度控制在25℃～28℃，夜间15℃～18℃，空气相对湿度保持在60%～70%。

②肥水管理　现蕾前适当控制水分，促进花芽分化和根系发育，不旱不浇水，以免由于高温、高湿而引起植株徒长。如需浇水应在早晨或傍晚进行。灌水宜缓不宜急。

③植株管理　缓苗后若发现个别植株发生病毒病，应及时拔除，并清出棚室外，及时补齐壮苗。第一穗花有30%～50%开花

时，及时利用熊蜂授粉技术提高坐果率，每667米^{2}可用1箱熊蜂，放置于离地面1米高处，棚室内温度保持在15℃～32℃，高温时蜂箱顶部放一硬纸板遮阴。熊蜂授粉可提高番茄坐果率，且坐果整齐一致，无畸形果，提高品质。

④病虫害防控　此期容易发生枯萎病，应重点防控，详见第四章病虫害防控篇部分。

(3)结果前期管理

①环境调控　9月中旬至9月下旬，此期已进入开花结果期，应保持白天温度25℃～30℃，夜间15℃～20℃。

②肥水管理　第一穗果长到核桃大小时，开始追肥灌水，一般每667米^{2}滴灌25～30米^3，追尿素15～20千克，硫酸钾15～20千克，随水追肥。

③植株管理　采用单干整枝方法，除主干外，各叶腋新生的侧枝在长达5厘米时摘除。果坐住后，适当疏花疏果，每个果穗留3～4个果。为防后期果柄弯折，在坐果后使用果柄夹，可有效加固果柄防止其弯折，保证营养物质和水分顺畅供给果实，从而缩短生长期，增加果实产量。

④病虫害防控　此期容易发生疫病、菌核病等，应重点防控，详见第四章病虫害防控篇部分。

(4)结果中期管理

①环境调控　此期从10月上旬至11月下旬。温度逐渐降低，注意保温，10月下旬及时放草苫或保温被保温。白天温度控制在25℃～28℃，夜间15℃～18℃。

②肥水管理　从第二穗果开始膨大时(距第一次追肥10～15天)追第二次肥，之后每坐1穗果就追肥1次，每667米^{2}追肥量为尿素和硫酸钾各15千克。适当增加钾肥比例可改善越冬番茄糖酸比，能有效改善番茄的品质。

③植株管理　留5～6穗花序后摘心。在最后一穗花序充分开花坐果后，留花穗以上3～4片叶，其余摘心。

④病虫害防控　此期应重点防控晚疫病、灰霉病、叶霉病，详见第四章病虫害防控篇部分。

(5)结果后期管理

①环境调控　此期为12月份至翌年1月份，为果实收获期。温度白天控制在25℃～28℃，夜间15℃～18℃。

②肥水管理　进入结果后期，气温逐渐降低，外界光照时间短且弱，植株生长和果实发育均较缓慢，此时必须适当控制浇水，最冷的12月中下旬至翌年1月份，基本不浇水。

③植株管理　对于植株下部的病叶、老叶、黄叶要及时摘除，以减少病虫害的传播和蔓延，增加透光率。

④病虫害防控　此期要重点防控晚疫病、灰霉病、叶霉病等病害，详见第四章病虫害防控篇部分。

六、秋冬茬茴香—冬春番茄

(一)高效实例

该模式是近几年在河北省唐山市玉田县发展起来的一种日光温室高效栽培模式。秋冬茬茴香一般收获3～4茬，每667米^{2}产量4 500～5 000千克，扣除种子、肥料、农药等农资成本约1 150元，在不计人工成本和设施折旧的情况下产值约1.9万元。冬春茬番茄每667米^{2}产量10 000～11 000千克，扣除种子、肥料、农药等农资成本约1 500元，再扣除全年棚膜、草苫或保温被(折旧)约4 200元，每667米^{2}产值约2.5万元。两茬每667米^{2}产值(不计人工和骨架折旧)4.4万元左右。

(二)茬口安排

日光温室秋冬茬茴香，9月中下旬直接播种，10月下旬至11月上旬收获第一茬，12月下旬收获第二茬，翌年1月底至2月上旬收获第三茬，价格好的情况下，延迟至3月底前收获最后一茬。冬春茬番茄，12月上中旬播种育苗，翌年1月底至2月上旬定植，

4月中旬至6月份收获。7～8月份温室消毒养地。

(三)秋冬茬茴香生产关键技术

1. 品种选择 品种选用产量高、耐低温弱光、抗病性强、适于连续收割的茴香品种,如大叶茴香。

2. 施肥整地 每667米^{2}施用腐熟的优质农家肥3000千克,三元复合肥35千克,均匀撒施后,用小型旋耕机翻1遍,使土肥混合均匀。平整后做畦宽1.2～1.3米平畦,畦背宽30厘米,畦做好后灌水造墒以备播种。

3. 播种 唐山地区在9月中下旬,采用1.2～1.3米的平畦直播,各地可根据当地气候条件灵活安排。每种植667米^{2}需用种子5～8千克,播种前在阳光下晒种6～8小时,用手搓去外种皮。播种时,在平畦内开沟,沟距15～20厘米,采用条形直播,播种后覆土厚1.5厘米左右,播完浇透水,保持土壤湿润,以促进出苗。

4. 田间管理

(1)头一茬生长期间的管理

①肥水管理 9月下旬播种浇水后,每667米^{2}喷施100～150毫升氟乐灵乳油进行封闭除草,并保持土壤湿润,避免忽干忽湿,确保出苗整齐苗全。出苗后注意浇水不要过勤,以防徒长,避免幼苗细弱。幼苗长至株高10～15厘米时中耕1次。播种时基肥施用量充足,第一茬生长期间不必追肥,根据土壤墒情和天气情况浇水2～3次,收割前3～5天停止浇水。

②温度管理 头茬茴香生长期间特别是苗期,外界气温较高,注意温度控制在白天20℃～25℃、夜间12℃左右为宜,晴天中午要注意放风降温排湿。

③收割 10月下旬选晴天上午收割。下刀离地面要在3厘米以上,不要紧贴地面,以免伤茬死苗影响下茬产量。割后立即装筐(箱)或扎成0.5～1千克的捆,用塑料膜盖严防止被风吹造成萎蔫。

(2)第二茬生长期间的管理

①肥水管理　10月底头茬茴香收获后，经过3～7天的恢复生长后，中耕松土1次，提高地温。待伤口愈合且新叶恢复生长至5～8厘米时，进行1次追肥并浇水，追肥量每667米^{2}掌握在20千克尿素+5千克三元复合肥。浇水次数根据当时的土壤墒情和天气情况，浇水2～3次，每次浇水以浇足为好，但忌大水漫灌。

②环境调控　10月下旬要根据天气变化适时加盖草苫，温度白天15℃～22℃，夜间5℃～7℃，尽量降低空气湿度。

(3)第三茬及以后的管理　每收割一茬(刀)中耕、追肥1次，12月份以后，外界气温逐渐降低，要做好防风和保温防寒工作。

5. 病虫害防控　应注意灰霉病、菌核病和根腐病的防控，防治措施详见第四章病虫害防控篇部分。

(四)冬春茬番茄生产关键技术

1. 品种选择　选用中研998、金棚11、迪安娜等植株长势旺盛丰产性好、耐低温、果型标准、整齐、成熟一致、果实耐贮运、抗病性强的番茄品种。

2. 嫁接育苗　可购买优质商品苗或自育嫁接苗，自育嫁接苗可选用科砧砧木，嫁接苗培育详见本章第二节全年一大茬番茄部分，只是育苗期正值低温季节，需要有临时加温装备，以保证温度。

3. 整地施肥　每667米^{2}施充分腐熟的优质有机肥5 000千克，优质生物菌肥50千克，撒可富复合肥50千克，硫酸钾15千克，磷酸二铵20千克，全部肥料按2/3作基肥旋耕整地时施入土壤。整平地后，按大行距100厘米、小行距50厘米，开沟15～20厘米，将其余1/3基肥施入，并起垄做畦。

4. 定植　按株距40厘米栽苗，每667米^{2}栽植2 200株左右，最好晴天上午以水稳苗法定植，定植后2～3天内选晴天上午补浇足缓苗水。

5. 定植后管理　参照本章第四节秋冬茬番茄—冬春茬番茄

中的冬春茬番茄部分。

第五节　临时墙体日光温室结构类型与性能特点

一、结构类型

临时墙体日光温室东西走向，冬季利用聚苯板、多层稻草苫、玉米秸捆等材料作为临时墙体，在高温季节将墙体材料撤去。如聚苯板临时墙体日光温室规格为跨度 8～10 米，临时墙体为 20 厘米厚聚苯板，高度 2.8～3 米，内外两侧用水泥柱支撑，水泥柱间距 3 米，无后坡。前屋面骨架为竹竿或钢竹混合骨架，在骨架下方沿南北向设 5 排水泥立柱。由南向北水泥立柱截面分别为 8 厘米、10 厘米、12 厘米、12 厘米和 14 厘米见方。

以草苫等材料为临时墙体建造成本低，在农户生产中应用更加普遍。按照骨架材料可分为全钢架和竹木骨架 2 种。全钢架型跨度 10～14 米，脊高 3.8～4.5 米；其屋脊位于距北沿 1/3 处，北侧骨架弧度加大，形似温室后墙和后坡。屋脊设 1 排立柱，立柱采用钢管或水泥立柱。竹木骨架型跨度 5～10 米，脊高 1.5～3 米；北侧骨架直立，形似后墙。大棚由北向南设 6～8 排立柱，由南向北水泥立柱截面分别为 8 厘米、10 厘米、12 厘米、12 厘米和 14 厘米见方。北侧覆盖多层草苫和保温被等挡风、隔热材料，南侧的草苫和保温被白天卷起、夜间放下。

在河北省乐亭县一带，该类型温室为竹木结构，后墙用两层草苫，草苫外面覆盖两层旧塑料布，覆盖前屋面的草苫下垂到后前底部，再用铁丝内外固定到立柱上面。根据作物生长需要，当地该棚室高度 1.5～2.8 米，跨度在 5.5～9 米。建造省工省时、便于拆迁、便于腾地更换茬次，而且不破坏地貌。克服了永久后墙日光温室建造耗资大、建后搬迁困难的缺点。与相同跨度的高

效日光温室相比，其高度较低，前后排温室的间距较小，土地利用率较高；其建造投入比温室少50%以上。与塑料大棚相比，每667米^{2}年增加草苫投入800～1 000元（一次性投入4 000～5 000元，可使用5年），由于保温性好，延长了生长期，每667米^{2}年增收2 000～3 000元。

二、性能特点

在河北省中南部最冷的12月下旬至翌年1月下旬，棚内最低温度不低于3℃，可生产耐寒性和半耐寒性蔬菜；从2月上中旬开始，棚内最低气温不低于8℃，可播种或定植喜温性和耐热性蔬菜。至冬季12月上中旬，大棚内最低气温逐渐低于10℃，可生产耐寒或半耐寒蔬菜。

夏季墙体可拆除，拆除后与普通塑料大棚基本相同，比永久墙体温室降温效果好，利于作物越夏生产。冬季增加了墙体和草苫，保温性能优于塑料大棚，但由于采用的墙体材料无蓄热性能或蓄热能力差，深冬季节温度低，果菜类蔬菜不能安全越冬生产。冬季可安排耐寒或半耐寒蔬菜生产，若生产喜温果菜类蔬菜，以一年两茬错开深冬季节为宜。

三、配套装备

前屋面配草苫或保温被，卷帘机配备同高效日光温室。

第六节　临时墙体日光温室高效生产模式与配套技术

一、早春西葫芦间作豆角—秋延后青椒

（一）高效实例

该模式是近几年在河北省乐亭县发展起来的一种临时后墙

日光温室高效栽培模式。西葫芦一般每667米^{2}产量6 000千克左右，豆角一般每667米^{2}产量1 500千克左右，扣除种苗、农药、肥料、棚膜、草苫等农资成本6 000元左右，在不计人工成本和设施折旧的情况下，每667米^{2}西葫芦产值1.5万元、豆角产值约8 000元；青椒一般每667米^{2}产量3 000千克左右，扣除种苗、农药、肥料等农资成本约1 500元，在不计人工成本和设施折旧的情况下，每667米^{2}产值8 000～9 000元。该模式全年产值(不计人工和设施折旧)3.1万元以上。

（二）茬口安排

西葫芦和豆角12月上旬育苗，翌年1月中旬定植，2月下旬始收，6月底拉秧；青椒7月上旬育苗，8月中旬定植，10月上旬始收，11月底拉秧。

（三）西葫芦间作豆角关键技术

1. 品种选择 选择抗病、耐低温、高产、优质的品种，西葫芦如早青1代、牵手2号等，豆角如丰收1号、春丰4号、双丰2号等。

2. 培育壮苗

(1)种子处理 西葫芦每667米^{2}用种400～500克，豆角每667米^{2}用种3千克。将西葫芦种子放在55℃温水中，不断搅拌保持15分钟，水温降至30℃后再浸泡4小时，将种子搓洗干净，用湿布包好放在25℃～30℃条件下催芽，每天用温水冲洗1～2遍，种子芽长0.2～0.5厘米时播种。豆角用常温水浸种3～4小时，种子吸胀后即可播种。

(2)育苗床准备 在温室内用直径10厘米、高10厘米的营养钵育苗。床土配制与消毒参见本章第二节全年一大茬黄瓜部分。

(3)播种及播后管理 播前浇透水，西葫芦每钵点播1粒种子，豆角每钵播3～4粒种子，播后覆土2厘米厚。播后苗床温度管理见表1。西葫芦和豆角在出苗后，秧苗出现萎蔫现象时，用喷壶浇小水，育苗期间可叶面喷施1～2次0.2%磷酸二氢钾溶液。在定植前，控制浇水，并喷洒1次农药，进行病虫害防治处理。其他可参照本章第二节全年一大茬黄瓜的育苗部分。

表1 苗期温度管理

时 期	白天适宜温度(℃)	夜间适宜温度(℃)
播种后至出苗	25～35	16～18
出苗后至定植前	18～24	10～12
定植前4～5天	16～18	7～8

3. 定植前准备

(1)施肥整地 若为新建棚室，最好在10月上旬前建好。若为周年利用棚室，上茬作物拉秧后，及时清理前茬残体。每667米^{2}撒施充分腐熟的有机肥5000千克，硫酸钾型三元复合肥(氮、磷、钾比例为15∶15∶15)60～100千克，深翻土壤30～40厘米，将土壤与肥料混匀整平。按垄距100～110厘米，垄台高10～15厘米，垄宽50厘米左右，南北向起垄。

(2)棚室消毒 每667米^{2}用80%敌敌畏乳油0.25千克加硫磺2千克加适量锯末混合分堆，点燃熏棚闷24小时，然后放风排毒气。

(3)提早扣棚升温 12月下旬前完成棚膜的覆盖或更换，翌年1月初完成棚内二道幕薄膜的吊挂，使棚内提前升温，定植之前地温要达到14℃以上，才可定植。

(4)浇水造墒 定植前3～5天，在垄台上开15厘米深的浅沟，每667米^{2}沟施三元复合肥15～20千克。为防地下害虫，顺垄沟对水浇施50%辛硫磷乳油1千克，然后合垄浇足水，待水下渗，整平垄台。

4. 定植 西葫芦4叶1心，豆角幼苗具1～2片真叶，棚内地温稳定在15℃以上时，选晴天定植西葫芦和豆角。西葫芦定植于垄上，按株距45厘米开穴。先浇水，水渗下一半时将苗坨放入，封穴时苗坨与土面齐平即可，每667米^{2}定植1 500株，但应注意定植行避开施肥沟。豆角定植于棚室内立柱旁边10厘米处(每667米^{2}约420根立柱，每根立柱定植2穴，每穴3～4株)。

5. 定植后管理 定植后的管理以西葫芦为主。

(1)定植至第一瓜坐住前

①环境调控 定植后密闭棚室防寒、保温、促苗，白天26℃～30℃，夜间15℃～20℃。缓苗之后保持白天温度22℃～26℃，夜间8℃～12℃，保持空气相对湿度80%以下。

②肥水管理 若定植水浇水量不大，可在缓苗后浇1次缓苗水，浇水量不宜过大。之后控制浇水，中耕1～2次后覆盖白色地膜。

③植株管理与保花保果 西葫芦爬地自然生长，豆角沿立柱缠绕生长。西葫芦第一雌花开放后，为促进坐果，可用西葫芦专用促瓜剂喷花或蘸花(按说明使用)。具体操作详见本章第二节全年一大茬西葫芦部分。西葫芦及时打杈，摘掉畸形瓜。

④病虫害防控 此期注意防控灰霉病、霜霉病、蚜虫、粉虱等病虫害，详见第四章病虫害防控篇部分。

(2)结果期

①环境调控 此阶段温度白天最好25℃～28℃，夜间15℃～20℃。随着外界温度的升高，在不盖草苫也可满足上述温度的前提下，4月中旬之后可不再覆盖草苫。根据天气情况4月底或5月初撤掉作为假后墙的草苫。温度高时可南北对流通风，中后期注意防高温。

②肥水管理 根瓜长到10厘米大时开始浇催瓜水，结合浇水施催瓜肥，每667米^{2}追施三元复合肥15～20千克，此后晴天可7～10天浇1次水，阴天要控制浇水。根瓜采收后，植株进入结瓜盛期，此期温度逐渐升高，重点是加强肥水管理，满足营养生

长和生殖生长的需要，视天气状况及植株长势，5～7天浇水1次，浇2次水追1次肥，每667米^{2}追施三元复合肥20～30千克。

③植株管理与保花保果　期间要及时打杈，摘除畸形瓜、卷叶及老叶，保花促果措施同前述。注意让豆角沿着立柱缠绕生长。6月中旬，视市场价格、植株长势拉秧晒地。

④病虫害防控　此期注意防控病毒病、白粉病、蚜虫、粉虱等，详见第四章病虫害防控篇部分。

（四）秋延后青椒生产关键技术

1. 品种选择　选用抗病、高产、适销的大果型品种，如中椒7、海丰69、赛丽一号等。

2. 培育或购买优质商品苗　于7月上中旬育苗，育苗期间正值高温季节，提倡到环境调控条件较好的专业育苗场购买商品苗。商品苗标准参见本章第二节全年一大茬辣椒部分。若自己育苗，要搭遮阳网防高温日晒，设防虫网阻虫防虫防病毒病。种子处理、营养土配制、播种及播后管理可参考本模式西葫芦培育壮苗部分进行。幼苗徒长可适当喷施500毫克/升矮壮素控制秧苗徒长。

3. 定植　于8月中旬定植，在上茬做好的高垄上，按株距35厘米，每垄定植2行。定植后及时浇水，防止高温导致植株萎蔫。

4. 定植后管理

（1）定植至门椒坐住

①环境调控　定植后白天25℃～30℃，夜间15℃～20℃。此期外界温度较高，要注意通风降温。中午光照强、温度高时可适当遮阴，避免萎蔫。缓苗后，白天22℃～28℃，夜间15℃左右。

②肥水管理　定植后气温较高，蒸发量大，应及时浇缓苗水，之后中耕2～3次。不旱不浇水，干旱时浇小水。

③植株管理　一般不进行整枝打杈，任其自然生长。

④病虫害防控　此阶段应加强病毒病、白粉虱、茶黄螨的防

控，防控措施详见第四章病虫害防控篇部分。

(2)结 果 期

①环境调控　白天 25℃～30℃，夜间 10℃～15℃。随着气温下降，注意夜间放下棚膜，10 月中旬前后上用作假后墙的草苫，前屋面也开始覆盖草苫。

②肥水管理　当门椒长到核桃大小时，结合浇水追施膨果肥，每 667 米^2 追施硫酸钾型三元复合肥 20 千克。此后视土壤墒情每 7～10 天浇 1 次水，隔水追施硫酸钾型三元复合肥 10 千克。

③植株管理　当植株长至快封垄时，及时用尼龙绳把植株按垄固定，防止植株相互遮光郁闭。

④病虫害防控　此阶段应注意加强疫病、白粉病、炭疽病、蚜虫、粉虱等病虫害的防控。

二、早春茬薄皮甜瓜—秋延后青椒

(一)高效实例

该模式是近几年在河北省乐亭县乐亭镇、汀流河镇、新寨镇、毛庄镇、庞各庄乡、闫各庄镇等地发展起来的一种临时后墙日光温室高效栽培模式。甜瓜一般每 667 米^2 产量 4 000 千克左右，种苗、农药、肥料、棚膜、草苫等农资成本 6 000 元左右，在不计人工成本和设施折旧的情况下，每 667 米^2 产值约 2.7 万元；青椒每 667 米^2 产量 3 000 千克左右，扣除种苗、农药、肥料等农资成本约 1 500 元，在不计人工成本和设施折旧的情况下，每 667 米^2 效益 8 000～9 000 元。全年产值(不计人工和设施折旧)3.5 万元以上。

(二)茬口安排

早春薄皮甜瓜，12 月中下旬育苗，翌年 1 月下旬至 2 月上旬定植，3 月下旬至 4 月上旬开始上市，6 月下旬拉秧；青椒 7 月上旬育苗，8 月中旬定植，10 月上旬始收，11 月底拉秧。

(三)早春薄皮甜瓜生产关键技术

1. 品种与秧苗 参见本章第二节冬春茬薄皮甜瓜—夏秋茬番茄中的冬春茬薄皮甜瓜品种选用和育苗部分。

2. 定植前准备及定植 定植前准备参照本章第六节早春西葫芦间作豆角—秋延后青椒中的西葫芦部分。按间距100厘米做高垄畦,定植时在做好的垄背上开沟(注意避开施肥沟)浇水,按株距25～30厘米摆苗、合沟。土坨与垄面持平即可。每667米^{2}定植2 200～2 500株。

3. 定植后的管理

(1)定植至第一茬瓜坐住

①开花授粉前 一般为定植后第一周至第四周。

定植后第一周:即定植后1周内保持棚温白天32℃～35℃,夜间10℃～15℃。这周为定植后新根萌发期,高温有利于根系发育。

定植后第二周:见瓜秧叶片变绿,地表有萌发根,瓜秧见长,白天温度控制在30℃～35℃,夜间10℃～15℃。这周应及时吊蔓,有利于子蔓长出;同时,中耕除草,增加土壤通透性,提高地温,有利于新根萌发。这周末及时浇水有利于缓苗,水量控制在垄台的一半。

定植后第三周:及时摘除5叶以下子蔓,有利于瓜秧生长,及时绕蔓。温度白天控制在30℃～35℃,夜间13℃～10℃。

定植后第四周:进入甜瓜授粉前准备,从瓜秧的5片叶以上留子蔓,5片叶以上子蔓有瓜胎的在瓜胎上留1～2片叶摘心,无瓜胎的子蔓摘除。喷施1次预防霜霉病、炭疽病和细菌性病害的药剂(详见第四章病虫害防控篇部分)。喷药后浇1次小水,水量至垄台一半即可;每667米^{2}随水冲施硫酸钾型三元复合肥(氮、磷、钾比例为16∶8∶24)20千克。浇水后如见瓜秧出现节间拉长、茎秆变细等徒长现象时,选用烯效唑2克对水15升,用手持喷雾器在瓜秧生长点喷一下。温度白天控制在30℃～35℃,夜间

15℃～10℃。

②开花授粉期　温度白天控制在28℃～35℃，夜间16℃～12℃，棚内空气相对湿度至70%～80%。采用人工授粉或熊蜂授粉方式进行授粉，在5片叶以上的子蔓上留瓜4～6个。期间及时绕蔓、整枝和除草。此期以后，每隔15天喷施1次防治霜霉病、细菌性病害的药剂（详见第四章病虫害防控篇部分）。可用烯效唑5克对水15升，喷瓜秧生长点，控制瓜秧生长，促进瓜胎膨大。

(2)第一茬瓜膨瓜期　瓜胎开始进入快速膨大期，及时浇水，水量没过垄台，每667米^{2}随水冲施硫酸钾型三元复合肥（氮、磷、钾比例为16∶8∶24）50千克。在冲施膨瓜肥水后5天左右，进行疏瓜，去除小瓜、病瓜、残瓜，留大小基本一致的瓜3～4个。

(3)第二、第三茬瓜管理　第一茬瓜授粉后30天左右，从主蔓20片叶以上留子蔓，子蔓出现瓜胎后上面留1～2叶摘心，人工或熊蜂授粉，第二茬共留3～4个瓜。当植株长至25～28片叶时摘心。第三茬瓜在摘心后长出的子蔓上留3～4个瓜。第二、第三茬瓜膨大期间的温度、肥水、整枝、疏瓜等管理同第一茬瓜的管理。但应注意随着气温升高，防病虫害是关键，要注意防控霜霉病、白粉病、疫病、细菌性角斑病、白粉虱、蚜虫等多种病虫害，具体措施详见第四章病虫害防控篇部分。

(四)秋延后青椒生产关键技术

参照本章第六节早春西葫芦间作豆角—秋延后青椒中的秋延后青椒部分。

三、春番茄—秋黄瓜—冬茼蒿—冬茼蒿

(一)高效实例

该模式是近几年在河北省廊坊市固安县、邯郸市、邢台市等地发展起来的一种高效种植模式。棚室东西走向，南北跨度14

米,高 4.3 米,立柱位置在棚室最高点设置,间距 3 米。春番茄一般每 667 米^2 产量 8 000～10 000 千克,平均每千克售价 3 元,扣除种子、农药、化肥、棚膜和保温被等农资成本 5 000 元左右,在不计人工和设施折旧的情况下,每 667 米^2 产值 2.5 万元左右;秋黄瓜每 667 米^2 产量 6 000～7 000 千克,平均每千克售价 3 元,扣除种子、农药、化肥等农资成本 2 000 元左右,在不计人工和设施折旧的情况下,每 667 米^2 产值 1.8 万元左右;冬茼蒿每 667 米^2 每茬产量 1 500～2 000 千克,平均每千克售价 5 元,扣除种子、农药、化肥等农资成本每茬 500 元左右,在不计人工和设施折旧的情况下,每茬每 667 米^2 产值 9 000 元左右,两茬茼蒿产值 1.8 万元左右。全年四茬每 667 米^2 产值(不计人工和设施折旧)6.1 万元以上。

(二)茬口安排

春番茄,1 月初播种育苗,3 月初定植,7 月份收获完毕。秋黄瓜 7 月份育苗,8 月份定植,11 月底收获完毕。冬茼蒿,第一茬 12 月初播种,翌年 1 月中旬收获;第二茬 1 月中旬播种,2 月下旬收获。

(三)春番茄生产关键技术

1. 品种与秧苗 选择高产、耐热、耐裂品种,如 TY298、迪芬尼、金棚 11 号、浙粉 702、荷兰 6 号等。购买或自育幼苗参见本章第二节全年一大茬番茄部分,只是这茬番茄育苗期处于低温季节,自育幼苗应在温控条件好的温室内进行,遇有持续低温雾霾天气时,应通过临时加温和多层覆盖进行增温保温,通过补光灯改善光照条件,保证幼苗处于适宜生长环境。

2. 施肥整地 前茬作物收获后,清除残株杂草,每 667 米^2 施充分腐熟的农家肥(鸡粪)5 000 千克,三元复合肥 40 千克,深翻 40 厘米,再刨 1 遍,打碎土块,使粪土掺匀,耙平地面。按行距 80～100 厘米起垄,垄高 20 厘米,宽 60 厘米。

3. 定植　当棚内10厘米地温稳定在10℃左右时定植。定植前用68%精甲霜·锰锌水分散粒剂600倍液进行浸盘浸根防治茎基腐病。定植时间应选择在晴天上午。按株距33厘米在垄上单行开穴定植，定植深度以秧苗根坨与垄面平为宜，每667米^{2}定植2 000～2 500株。浇足定植水，每667米^{2}滴灌35米^{3}左右。为提温保墒，棚室最好搭小棚和覆地膜。

4. 定植后的管理

(1)缓苗期管理　从3月上旬至3月中旬。定植后立即密闭棚室，使棚内温度迅速上升，3～5天温度不超过35℃时不放风。之后白天温度保持在25℃～30℃，晚上不低于15℃。要注意保温措施，中午适当放风，潮气放出后，及时封闭棚膜。注意防"倒春寒"天气危害。发现病株拔除并带出棚室外，用健壮苗补全。重点防控茎基腐病(参照第四章病虫害防控篇部分)。

(2)缓苗后至坐果前的管理　此阶段从3月下旬至4月中旬。应注意适当控秧促坐果。

①环境调控　缓苗后，棚内气温白天保持在20℃～25℃，夜间10℃～15℃，防止夜温过高，造成徒长。随着温度升高，注意通风排湿，棚内空气相对湿度控制在60%～70%。

②肥水管理　定植后7～10天，幼苗新叶开始生长时，浇1次缓苗水。在缓苗水后要进行中耕蹲苗，严格控制浇水。

③植株管理　在缓苗后开始吊蔓，并整枝打杈。单干整枝，侧枝长到5厘米以上时及时疏除，打杈时要选择晴天上午，操作时尽量减小伤口。第一花序的花开放时，及时采取保花保果措施(详见本章第二节全年一大茬番茄部分)。

此期应重点防控灰霉病。

(3)结果期管理　此阶段从4月下旬至7月上旬。第一花序坐果后(核桃大小时)浇1次水，每667米^{2}随水追施尿素15～20千克，硫酸钾15～20千克。以后6～7天浇1次水。浇水应选择晴天上午进行，并浇透水。浇水后闭棚提温，中午及时通风排湿。

第二穗果开始膨大时(距第一次追肥 10～15 天)追第二次肥,之后随气温、棚温升高,植株蒸腾量大,增加浇水次数和灌水量,可 4～5 天浇 1 次水;浇水要匀,切勿忽干忽湿,以防裂果。并在每一穗果坐住后按照上述施肥量进行追肥。拉秧前 20 天不再追肥。

环境调控、植株管理和病虫害防控同本章第四节秋冬茬芹菜—早春茬番茄中的早春茬番茄部分。

(四)秋黄瓜生产关键技术

1. 品种选择 选择苗期耐高温强光、结瓜期耐低温弱光的抗病、高产、商品性好的品种,如夏多星、满田 700、绿岛 1 号、中研 21 号、北农佳秀、津优 1 号等。

2. 购买或自育秧苗 购买或自育秧苗可参照本章第二节全年一大茬黄瓜部分。只是育苗期处于高温炎热季节,若自育秧苗,育苗床上应覆盖遮阳网,遮挡强光降温。为防止幼苗徒长,可在播种前及子叶展平刚露心时分别于基质表面喷施 400 毫克/千克缩节胺或 20 毫克/千克烯效唑。2 叶 1 心时喷 250 毫克/千克乙烯利。幼苗长到 2 叶 1 心至 3 叶 1 心时定植。

3. 施肥整地 7～8 月份高温季节进行高温闷棚。每 667 米^2 施优质腐熟有机肥 2 000～3 000 千克,复合肥 20 千克,有机物速腐剂 8 千克,撒施后,结合整地深翻 25～40 厘米。整平做畦,浇水使土壤相对湿度达到 85%～100%。覆盖地膜,密闭 20～25 天。之后,将地整平,按行距 70～80 厘米开沟起垄,采用深沟高畦,畦高 25 厘米,宽 40～50 厘米,上铺滴灌管。

4. 定植 选阴天或晴天下午 3 时以后定植。在垄上按株距 33 厘米开穴,边栽苗边覆土封穴,栽后及时浇水。每 667 米^2 定植 2 500～3 000 株为宜。

5. 田间管理

(1)缓苗期至根瓜坐住前的管理

①**环境调控** 昼夜通风,白天温度控制在 25℃～30℃,夜间

18℃～20℃。可利用遮阳网进行遮光降温。

②肥水管理　栽后浇好定植水。定植后3～5天，当幼苗已经开始生长时，浇1次缓苗水。缓苗后到根瓜坐住前要适当控制浇水，不旱不浇水，若旱浇小水，促根控秧。

③植株管理　定植后要逐行逐株进行检查，未成活的立即补苗。适时进行松土保墒，以利新根生长。当苗长到4～6片真叶时，第二次喷施200毫克/千克乙烯利进行促雌。采用活动式植株吊蔓夹进行吊蔓，根瓜可在7～8节留，及时去除卷须、雄花及多余的雌花。

④病虫害防治　缓苗后7～10天喷75%百菌清可湿性粉剂600倍液，间隔7～10天，连续喷2次进行防病。

(2)结果前期管理

①环境调控　上午温度控制在25℃～30℃，下午温度控制在20℃～25℃，夜间15℃左右。

②肥水管理　当根瓜长到20厘米左右时结合浇催瓜水追施催瓜肥，每667米^{2}施尿素和硫酸钾各15千克。之后视土壤墒情、天气和苗情，3～5天浇1次水，保持土壤湿润。每浇2～3次水追肥1次，种类、用量同催瓜肥。

③植株管理　缓苗后及时中耕松土，清除田间杂草，7～8节留根瓜后，上部可节节留瓜。注意去除卷须、雄花及多余的雌花。

④病虫害防治　注意加强霜霉病、白粉病、细菌性角斑病、蚜虫、粉虱等的防控。

(3)结果中后期管理

①环境调控　白天室内气温保持25℃～30℃，夜间10℃～15℃。随温度逐渐降低，注意缩小放风口，空气相对湿度控制在80%以下。

②肥水管理　随着温度下降，视土壤墒情、天气和苗情，均衡浇水，保持土壤湿润。10月上中旬5～7天浇1次水，10月下旬以后7～10天浇1次水。浇水应选择晴天上午进行，并注意浇水

后通风排湿。每浇 2～3 次水追肥 1 次，种类、用量同催瓜肥。

③植株管理　主蔓结瓜为主，侧枝留 1 条瓜后及时摘心。及时摘掉多余雌花、畸形果及底部的老叶、病叶等。当植株长势达到 1.8 米以上时进行落蔓，落蔓前不要浇水，降低茎蔓组织含水量，防止落蔓时造成瓜蔓断裂。落蔓后及时浇水追肥，促发新叶。

④病虫害防控　此时期注意霜霉病、灰霉病、蚜虫、白粉虱的防控。

（五）冬茼蒿生产关键技术

1. 选用适宜品种　选用香味浓、生长快、成熟早的耐寒小叶品种如光杆茼蒿。

2. 施肥整地　每 667 米^2 施用优质鸡粪 5 米^3（两茬，第二茬可不再施用有机肥），复合肥 25 千克。翻地 15～20 厘米深，打碎土块做 1～1.2 米宽的平畦，浇足底水，以备播种。

3. 播种　播前 3～5 天用 30℃温水浸泡 24 小时，淘洗，沥干后晾一下，在 15℃～20℃条件下催芽。每天用温水淘洗 1 遍，3～5 天出芽。撒播或条播，每 667 米^2 用种量 5～6 千克。撒播的，先在畦面取土约 1 厘米厚，置于相邻畦内，把畦面搂平，浇透水，水渗后撒播种子。再用取出的土均匀覆盖，覆土厚 1 厘米左右。条播的开深 1～1.5 厘米的浅沟，行距 8～10 厘米，沟内浇水，水渗后在沟内撒籽，然后覆土。为促进出苗，也可进行浸种催芽后再播，播后覆盖地膜。

4. 播后管理

(1)环境调控　播种后温度可稍高些，白天 20℃～25℃，夜间 15℃～20℃，4～5 天（催芽播种的）或 6～7 天（干籽直播的）出苗。出苗后，将地膜撤去，棚内温度白天控制在 17℃～22℃，夜间控制在 10℃～12℃。注意防止高温，温度超过 28℃要通风降温；超过 30℃，生长受到影响，易导致叶片瘦小、纤维增多、品质下降。最低温度要控制在 10℃以上，低于此温度要注意防寒。

(2)肥水管理 播后要保持地面湿润，以利出苗。出苗后，保持畦面见干见湿，进行中耕。长至5～6厘米高时，选择晴暖天气浇水1次，结合浇水施肥1次，每667米^{2}施硫酸铵15～20千克。生长期内浇水1～2次，注意每次都要选择晴天进行，水量不能过大，空气相对湿度控制在95%以下。湿度大时，要选晴天温度较高的中午通风排湿，防止病害的发生。

(3)间苗 苗高3.5厘米时，以株距3.5厘米进行间苗。

5. 采收 苗高20厘米左右时为适宜采收期。分一次性采收和分期采收。一次性采收是在播种后40～50天、苗高20厘米左右时贴地面割收，之后重新播种下一茬。分期采收则是割完1刀后，再浇水、施肥，促进侧枝发生，20～30天后再收获。

第二章　塑料大棚篇

第一节　普通塑料大棚结构类型与性能特点

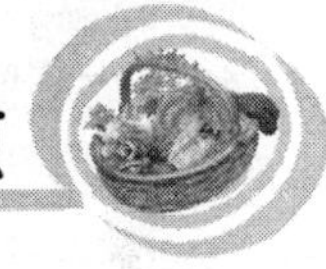

一、结构类型

目前生产中应用的塑料大棚，有单体类型和联体类型。按照骨架材料，每种类型又有竹木骨架和钢架类型。

（一）单体类型

1. 竹木骨架类型　跨度一般为10～15米，脊高2.2～3.5米；大棚的拱杆和拉杆多采用竹竿，棚内东西方向每排设6～9根立柱，南北方向立柱间距1～2米，立柱多采用水泥立柱，也可采用竹竿立柱。

2. 钢架类型　跨度一般为8～11米，脊高3.0～3.7米；大棚的拱杆为钢管或钢管钢筋片架，拉杆采用6″钢管，棚内无立柱。

（二）联体类型

联体塑料大棚的单棚走向为南北延长。可分为全钢架和竹木骨架2种。

1. 竹木骨架类型　河北省青县多为此种类型，且已推广到河南省等地。竹木骨架联体大棚一般由3～4栋单棚组成，东西向总跨度一般在30～40米，南北方向长度60～100米，脊高2.8～3.2米，肩高1.6～2米。拱杆和拉杆采用竹竿，立柱采用竹竿或水泥立柱，拱杆间距 1 米左右，棚内配置两层拉杆用于多层幕覆盖；棚内设置多排立柱，东西方向立柱间距 2 米左右，南北方向立柱间距 1.1～1.3 米。

2. 钢架类型 钢架联体大棚一般由 3～6 栋单棚组成，单拱跨度 6.5～7 米，南北向长度 60～100 米，脊高 3～3.5 米，肩高 2 米左右，拱间设天沟进行排水或收集雨水，顶部和四周设风口进行排湿降温。骨架多采用内外热镀锌钢管，拱杆间距 0.85～1 米；每两栋单棚之间的天沟下方设 1 排立柱，立柱南北向间距 3～4 米，立柱多为热镀锌方钢或钢管。

二、性能特点

普通单体塑料大棚的温度受外界气温的影响较大，具有明显的季节温差和昼夜温差。在河北省中南部，春季从 2 月中下旬开始，棚内旬均温达到 10℃，即可播种或定植耐寒性和半耐寒性蔬菜；从 3 月中下旬开始，棚内地温稳定通过 10℃后，即可播种或定植喜温性和耐热性蔬菜。秋季一般到 10 月下旬，棚内最低温度逐渐低于 5℃，喜温性和耐热性蔬菜停止生长；到 11 月上中旬，棚内最低温度逐渐降低，耐寒性和半耐寒性蔬菜停止生长。所以，塑料大棚适合春早熟或秋延后生产。但若在普通塑料大棚内增设二道幕、小拱棚等，实现多层覆盖，塑料大棚春茬播种或定植期可提前 15～20 天，秋延后生产期也可延后 10～15 天，还可保护菠菜等耐寒蔬菜越冬。

联体塑料大棚比单栋大棚空间大，热容量大，升温慢，降温也慢。其生产应用与单体塑料大棚基本相同。其中，钢架类型的由于空间大，无立柱，便于机械化操作，也特别适于园区用于观光采摘。

三、配套装备

（一）自动放风及环境监控系统

为实现省工省力化生产，有条件的规模化园区建议在钢架塑

料大棚上安装自动放风系统、温室环境自动监控系统，实现环境调控自动化和信息化。

（二）水肥一体化装备

有条件的应安装水肥一体化装备，包括水泵、施肥系统、过滤系统和输水管网。其中，施肥系统采用文丘里施肥器，过滤系统采用叠片式滤网。输水管网由输水主管、输水支管和微喷灌溉带组成，有条件的还可在温室内建造蓄水池。

第二节　普通塑料大棚高效生产模式与配套技术

一、春黄瓜—秋黄瓜—越冬菠菜

（一）高效实例

该模式是近 20 年来河北省藁城市大规模以黄瓜为主的塑料大棚高效种植模式。春茬黄瓜，每 667 米^2 产量 8 000 千克左右，平均每千克售价 2 元，产值约 1.6 万元，扣除种子、肥料、农药、棚膜等农资成本约 4 000 元，在不计人工和大棚折旧的情况下，每 667 米^2 产值约 1.2 万元。秋茬黄瓜，每 667 米^2 产量 6 000 千克左右，平均每千克售价 1.5 元，产值约 9 000 元，扣除种子、肥料、农药、棚膜等农资成本约2 000元，在不计人工和大棚折旧的情况下，每 667 米^2 产值约 7 000 元。越冬菠菜，每 667 米^2 产量 2 000 千克左右，平均每千克售价 2 元，扣除种子、肥料、农药等农资成本约 800 元，在不计人工和大棚折旧的情况下，每 667 米^2 产值约 3 200 元。三茬蔬菜全年产值（不计人工和大棚折旧）在 2.2 万元以上。

（二）茬口安排

春茬黄瓜在 2 月上旬育苗，于 3 月中旬定植，4 月中旬开始采收，6月底采收完毕。秋茬黄瓜于7月中旬直播，9月初开始采收，11月上旬收获完毕。越冬菠菜于11月中下旬播种，翌年2月底至3月初收获。

（三）早春茬黄瓜生产关键技术

1. 品种与秧苗 选择早熟、优质、抗病、抗逆性强的黄瓜品种，如冀美801、冀美福星、津优35等。购买或自育秧苗，可参照第一章第二节全年一大茬黄瓜部分。

2. 定植前准备

（1）施肥与整地 结合整地每667米^{2}施优质腐熟有机肥5 000千克以上，三元复合肥50千克，然后深翻土地30厘米，起垄做畦，垄宽70厘米，垄沟宽60厘米。

（2）大棚消毒 每667米^{2}棚用硫磺粉2～3千克，加80%敌敌畏乳油0.25千克拌上锯末，分堆点燃，然后密闭大棚1昼夜，经放风无气味时再定植。

3. 定植 棚内夜间最低温度稳定在12℃以上时定植，石家庄地区在3月中旬左右。在已做好的垄上按行距50厘米、株距30～33厘米挖穴栽苗，每667米^{2}定植3 100～3 300株。定植后及时浇水，可随水冲施生根肥，如根多多、多维肥精等，每667米^{2}可用5千克，有利于黄瓜生根，加速缓苗。

4. 田间管理

（1）定植至根瓜坐住前 从3月中旬至4月上旬。这一阶段的管理目标是控上促下，蹲苗促根。

①环境调控 缓苗期时白天温度控制在28℃～32℃，夜间12℃～15℃。缓苗后白天控制在25℃～28℃，夜间12℃左右。地温均控制在14℃以上。空气相对湿度尽量控制在80%以下。初花期白天控制在25℃～30℃，夜间12℃左右。3月底至4月初，如果天气好光照强时，注意温度，白天超过30℃时，把大棚右侧通风口打开，午后降到20℃关风口。控制空气相对湿度在

75%以下。经常保持膜面清洁，尽量增加光照。

②**肥水管理**　主要管理措施是加强中耕松土，到根瓜坐住，一般要中耕3次，深度以5厘米为宜，以提高土壤疏松度，增加地温，促进植株缓苗与根系下扎。因为天气冷，温度低，此阶段应尽量少浇水，如旱可浇1次小水。

③**植株管理**　当黄瓜长到6～7片叶时开始甩蔓，株高25～30厘米时，及时吊蔓。

④**病虫害防控**　要加强环境调控，注意通风控湿，防止叶面结露，浇水应选晴天上午，阴天注意放风。此阶段易发生的病害主要有霜霉病、细菌性斑点病，按第四章病虫害防控篇部分加强防控。

(2)结瓜期管理　从4月上旬至6月底。要科学调控温室内环境，采取综合措施，减少病虫害发生，加强肥水供应，防止早衰。

①**环境调控**　随着温度的升高，加强放风管理，防止室内高温。温室内温度高于32℃要加大放风量。当室内最低气温高于15℃时，开始逐渐由小到大放底风，与两边风口形成对流，以利通风排湿。当外界夜间最低气温高于13℃时，开始进行昼夜通风。

②**肥水管理**　根瓜坐住后，随水每667米^{2}追硝酸钾5千克，根多多、多维肥精等生根的肥料5千克，注意浇水追肥在晴天进行。之后每隔5～7天浇1次水，天气转暖以后进入盛瓜期，追肥间隔时间逐渐缩短。追肥随浇水隔次进行。每次每667米^{2}追硝酸钾复合肥10千克，或腐殖酸型肥料20千克，或尿素10千克，轮换追施。

③**植株管理**　当黄瓜植株生长点达到吊秧铁丝高度时进行落秧，重新固定和吊蔓，同时摘掉下部老叶，带出棚外。注意整枝与落秧要在晴天上午10时至下午4时进行，每次落秧的高度不超过30厘米。

④**病虫害防控**　加强温室内环境调控，保持一个适于黄瓜生长的生态环境，综合预防病虫害发生。此阶段易多种病害混发，

主要有霜霉病、细菌性斑点病及粉虱、蚜虫、潜叶蝇等，应重点防控，具体措施详见第四章病虫害防控篇部分。

（四）秋茬黄瓜生产关键技术

1. 品种选择 选择适宜秋栽的优质、高产、抗病、抗逆性强的黄瓜品种，如津春4号、津优35等。

2. 定植前准备 整地施肥和大棚消毒同本模式中的春黄瓜。

3. 播种及定苗 于7月中旬采用干籽点播法，即在垄上按株距25厘米挖穴，深2.5厘米，每穴点播种子2～3粒。墒情不好的，应浇1次小水，促出苗，每667米^{2}用种量200～250克。当幼苗3～4片叶时定苗，每667米^{2}留4000株左右。

4. 田间管理

（1）定植至根瓜坐住 此期从7月中旬至8月下旬。发芽期白天温度28℃～30℃，夜间12℃～15℃，并保持土壤湿润。出苗后至根瓜坐住这一阶段环境、肥水、植株管理与春茬黄瓜定植至根瓜坐住前相同，只是要注意以下问题。①此期正处于高温强光时期，应注意温度控制，遇强光温度超过32℃要注意搭遮阳网或在棚膜上洒泥浆来达到降温目的。②加强中耕松土，到根瓜坐住，一般要中耕3～5次，深度5厘米为宜，以提高土壤疏松度。为防止茎叶徒长和感病，尽量少浇水，如旱可以浇小水。③这茬黄瓜还应采取措施促雌花形成，可喷施增瓜灵（按说明书使用），从黄瓜2片真叶开始喷施，间隔7天再用第二次，也可在2叶1心时喷250毫克/千克乙烯利促进雌花分化。此期重点防控白粉虱、蚜虫、斑潜蝇。

（2）结瓜期管理 从9月上旬至11月上旬。进入了盛瓜期阶段，外界温度前期适合黄瓜的生长，后期温度偏低，光照变弱，应采取综合措施，减少病虫害发生，加强肥水供应，防止早衰。管理上可参照第一章第六节春番茄—秋黄瓜—冬茼蒿模式中的秋黄瓜进行。根瓜坐住后，随水每667米^{2}追施硝酸钾5千克，根多

多、多维肥精等生根的肥料 5 千克，注意浇水追肥在晴天进行。以后随着温度降低，参照第一章第六节春番茄—秋黄瓜—冬茼蒿模式中的秋黄瓜进行，浇水间隔时间逐渐延长，追肥随浇水隔次进行，每次每 667 米^2 追施硝酸钾复合肥 10 千克，或腐殖酸型肥料 20 千克，或尿素 10 千克，轮换追施。后期注意保温防寒，当最低温度低于 13℃时，夜间要关闭通风口。重点防控霜霉病、疫病和蚜虫。详见第四章病虫害防控篇部分。

(五)越冬菠菜生产关键技术

1. 品种选择　选用优质、高产、抗寒性强、抗霜霉病、商品性好的菠菜品种，如腾辉、春季欢歌等。

2. 整地施肥　每 667 米^2 用优质腐熟有机肥 5 000 千克，三元复合肥 30 千克，深翻整地造墒，做成 1～1.5 厘米的平畦。

3. 种子处理及播种　播前种子在 55℃的温水中浸种 20 分钟，然后在凉水中浸泡 12 小时，洗净晾干后播种，每 667 米^2 用种量 4～5 千克。每畦播种 4～5 沟，沟宽 10～12 厘米，沟深 4～5 厘米，顺沟撒籽，播种后覆土厚 2～3 厘米，全部播完后按畦浇明水。

4. 播后管理

(1)温度管理　大棚菠菜播种后外界温度非常低，出苗后要及时扣上棚膜，温度白天保持 15℃～20℃，夜间保持 13℃～15℃。

(2)肥水管理　在播前造好墒的基础上苗期一般不浇水，以免棚室内湿度大引发病害，但在立春后由于菠菜生长速度加快，收获前浇 2 次水，结合浇水每次每 667 米^2 追施尿素 20 千克。浇后注意通风排湿，在生长期间可喷施 2～3 次 0.2%～0.3%磷酸二氢钾溶液。

5. 病虫害防治　本茬菠菜生长期间温度低，湿度大，要重点防治霜霉病、灰霉病和蚜虫，详见第四章病虫害防控篇部分。

6. 及时采收　当菠菜植株高 20～25 厘米时要及时采收。

二、早春黄瓜—夏秋番茄—菠菜

（一）高效实例

该模式是近几年在河北省保定市望都县形成的一种塑料大棚高效栽培模式。春茬安排种植黄瓜，黄瓜拉秧后定植番茄，番茄后期在行间播种菠菜。黄瓜每 667 米^2 产量 7 500 千克左右，扣除种子、农药、肥料、棚膜等农资成本约 6 500 元，在不计人工和大棚折旧的情况下，每 667 米^2 产值约 2 万元；番茄每 667 米^2 产量 7 000 千克左右，扣除种子、农药、肥料等农资成本约 5 000 元，在不计人工和大棚折旧的情况下，每 667 米^2 产值 1 万元；菠菜每 667 米^2 产量约 1 200 千克，扣除种子、肥料等农资成本约 500 元，在不计人工和大棚折旧的情况下，每 667 米^2 产值约 3 000 元。三茬蔬菜每 667 米^2 产值（不计人工成本和骨架折旧）在 3.3 万元左右。

（二）茬口安排

黄瓜于 1 月中旬育苗，3 月初定植，采用四膜覆盖形式（大棚膜、二道幕、小拱棚和地膜），4 月下旬开始采收，6 月下旬拉秧；番茄 6 月初育苗，7 月初定植，10 月下旬拉秧；菠菜 10 月初播种，11 月中下旬采收。

（三）春茬黄瓜生产关键技术

1. 品种与秧苗 选择耐低温、弱光、抗病性强、早熟、商品性好的品种，如津春 3 号、津优 2 号、津优 3 号、津杂 2 号或中研 17 等。购买或自育秧苗，可参照第一章第二节全年一大茬黄瓜部分。

2. 定植前准备

（1）施肥整地 每 667 米^2 施腐熟农家肥 5 000～8 000 千克或腐熟鸡粪 3 000 千克，硫酸钾 40 千克，硫酸镁 10 千克，锌肥 5 千克，硫酸亚铁 5 千克，硼肥 2 千克，过磷酸钙 0.1 千克，硫酸铜 2 千克。2/3 撒施后深翻 2 遍，深耕 30 厘米，再按行距 70 厘米开

沟，将剩余的1/3基肥沟施，与土充分混匀，然后在沟里浇大水，造足底墒。南北向起垄，采用高垄大小行形式，垄高10～15厘米，垄宽80厘米盖地膜，两垄之间沟宽30厘米。

(2)吊二膜　距顶膜40厘米左右，顺棚柱拉好二膜支架，吊二膜时间在2月下旬。

(3)温室消毒　定植前10天先扣棚，每667米^{2}用50%多菌灵可湿性粉剂1.5千克或50%甲基硫菌灵可湿性粉剂1.5千克拌10～15千克细土均匀撒于地面，然后土垄封地膜。

3. 定植　当黄瓜苗3～4片真叶展开时进行定植，大小行距分别为80厘米、50厘米，株距33厘米。每667米^{2}栽苗3 500～3 800株。起苗前在苗床上用75%百菌清可湿性粉剂灭菌1次。定植不宜太深(以刚好埋住坨为宜)，浇水不宜太大。定植后按畦形扣50厘米高的小拱棚覆盖，寒冷的天气大棚外西北部用草苫围盖好，防寒保温。全棚定植完毕后，用20%速百烟剂(速克灵和百菌清)和10%异丙威烟剂扣棚熏蒸1次，防止病虫害的发生。

4. 田间管理　可参照本章第二节春黄瓜—秋黄瓜—越冬菠菜中的春黄瓜进行。

(四)夏秋茬番茄生产关键技术

参照本书高效日光温室越冬茬黄瓜套种苦瓜—夏秋茬番茄中的夏秋茬番茄进行。

(五)菠菜生产关键技术

选择耐寒性强、生长速度快、产量高、抗病能力强的品种，如星火132、星火143。10月1日前后，每667米^{2}对番茄大行间撒施45%复合肥25千克，搂平畦面，然后把菠菜均匀播撒到行间，稍镇压。每667米^{2}播种量3.5千克左右。播后50天当株高20厘米时即可开始收获。后期大棚内可进行多层覆盖，以延期上市，增加效益。

三、冬春茬茴香—春茬番茄—秋茬黄瓜

(一)高效实例

该模式是近几年河北省青县发展起来的一种大棚高效栽培模式。冬春茬安排种植茴香,茴香收获后定植番茄,秋季直播黄瓜。冬春茬茴香每667米^{2}产量为1 500～2 000千克,扣除种子、肥料、农药、棚膜等农资成本约1 500元,在不计人工和大棚折旧的情况下,每667米^{2}产值约3 000元;春茬番茄每667米^{2}产量5 000～7 000千克,扣除种子、肥料、农药等农资成本约1 000元,在不计人工和大棚折旧的情况下,每667米^{2}产值约1.4万元;秋茬黄瓜每667米^{2}产量3 500～4 000千克,扣除种子、肥料、农药等农资成本约800元,在不计人工和大棚折旧的情况下,每667米^{2}产值约5 000元。扣除棚膜成本约1 500元,三茬蔬菜每667米^{2}常年产值(不计人工和大棚折旧)在2万元以上。

(二)茬口安排

冬春茬茴香12月上旬直播,翌年3月上中旬收获;春茬番茄1月上中旬播种,3月中下旬定植,5月底至6月初开始采收;秋茬黄瓜8月上旬直播,9月中下旬开始采收,11月上中旬拉秧。

(三)冬春茬茴香生产关键技术

1. 品种选择 选择生长快、耐寒、抗病、高产的品种,如内蒙古大茴香和当地品种扁粒小茴香、大民茴香等。

2. 整地施肥 结合整地,每667米^{2}基施优质粪肥3000千克,硫酸钾型复合肥30～50千克,生物菌肥80千克,微量肥钙镁硼锌铁2千克,深耕细耙,做成宽1米的畦,将土坷垃打碎,搂平畦面。

3. 播种 一般在12月上旬播种。播种前,在棚内距棚膜30～40厘米处挂一层流滴膜,膜厚0.01～0.012毫米,可增加棚内温度2℃～4℃。茴香种子为双悬果,内含2粒种子,在播种前应把种子搓开。每667米^{2}用种4～5千克。播前浇足底水,水渗

后撒播，为做到播种均匀，可进行 2 次撒播，播后覆土 1 厘米厚。随后覆盖小拱棚，拱棚宽 2 米，高 1 米，覆盖 3 米流滴膜，膜厚 0.01～0.012 毫米。

4. 田间管理

(1)环境调控　播种至出苗前，密闭大棚保温防寒。茴香出苗后，苗高 7～8 厘米时开始放风，掌握上午超过 22℃时放风，下午低于 20℃关闭风口。2 月份以后早晨 8～9 时即开始放风，一直到下午温度 20℃时关闭风口；3 月份外界最低气温超过 5℃时昼夜通风，白天风口要大，夜间风口要小，白天最高温度不能超过 24℃，否则茴香易干尖。

(2)肥水管理　苗高 20 厘米左右时，浇水 1 次，水量适中，结合浇水每 667 米^2 追施尿素 10～15 千克。

(3)病虫害防治　早春茴香一般不发生虫害，病害主要是菌核病，防控措施详见第四章病虫害防控篇部分。

(4)采收　一般在 3 月上旬，苗高 30 厘米左右时进行一次性采收。

(四)春茬番茄生产关键技术

1. 品种选择　选择抗病、优质、高产、耐贮运、商品性好的品种，如中研 3 号、中研 100、金棚 1 号、东圣辉煌等。

2. 培育壮苗　1 月上中旬播种育苗。此茬番茄育苗期处于低温季节，建议到专业化育苗企业购买优质壮苗。自育幼苗应在温控条件好的温室内进行，遇有持续低温雾霾天气时，应通过临时加温和多层覆盖进行增温保温，通过补光灯改善光照条件，保证幼苗处于适宜生长环境。具体技术要点如下。

(1)种子处理　用 55℃的温水浸种 15 分钟，并不断搅拌。再在 30℃水温下浸泡 6～8 小时，将种子反复搓洗并用清水洗净黏液。将浸泡好的种子用洁净的湿布包好，放在 25℃～28℃条件下催芽，每天用清水洗 1 次，2～3 天 70%种子露白时即可播种。

(2)播种　使用育苗专用基质，基质在填充穴盘前要充分润湿，一般相对湿度以60%为宜，即用手攥基质成团，无水滴流出，扔地上即散开。番茄采用72孔穴盘，将基质填满育苗盘，刮平。将4～5个装好基质的穴盘垂直叠放在一起，两手伸平放在顶部穴盘上下压，用力要均匀，使每个穴孔里的基质形成0.5～1厘米深的播种孔，每穴播种1粒，种子平放。播后覆盖0.5～1厘米厚的基质，淋透水，覆盖地膜。

(3)苗期管理　出苗前，白天温度控制在25℃～28℃，夜间15℃～18℃；50%种子顶土时，揭去地膜。此后白天温度应在20℃～25℃，夜间13℃～15℃。水分管理以适当控水防徒长为原则，见干见湿。浇水后注意放风排湿，空气相对湿度控制在60%～80%。为防病害，每隔7～10天交替喷施40%百菌清悬浮剂750倍液，或25%嘧菌酯悬浮剂1 500倍液，连喷2～3次。后期可用0.2%磷酸二氢钾溶液进行叶面喷施。定植前7天进行秧苗锻炼，通过逐渐加大通风、降低温度、增加光照等措施营造与定植地块相近的环境。一般白天18℃～20℃，夜间8℃～13℃。

壮苗标准：株高25厘米，茎粗0.6厘米以上，5～6片真叶，现花蕾，叶色浓绿、肥厚，节间短，根系发达，无病虫害。

3. 整地施肥　定植前结合整地，每667米^{2}施优质腐熟有机肥5 000～6 000千克，磷酸二铵30千克，硫酸钾25千克，生物菌肥80千克，微肥钙镁硼锌铁2千克。起小高垄，垄间距1米，垄高10～15厘米，宽40厘米。然后覆地膜，地膜可选择黑膜，厚度0.008毫米。棚室消毒可参照第一章第二节一大茬黄瓜中的硫磺加敌敌畏熏蒸法进行消毒。

4. 定植　根据品种特性，按株距30厘米挖穴栽苗。每667米^{2}定植2 300株左右。

5. 田间管理

(1)定植至第一穗果坐住

①环境调控　缓苗期白天25℃～30℃，夜间15℃～18℃；缓

苗后白天20℃～25℃,夜间13℃～15℃。保持棚内通风透光,降低空气湿度,减少病害发生。

②**肥水管理**　定植后及时浇水,3～5天后浇缓苗水。之后不旱不浇水,若旱浇小水。

③**植株管理**　及时吊秧、整枝、打杈。单干整枝,侧枝长到5厘米左右时,及时疏除。保花保果和疏花疏果参照第一章第二节全年一大茬番茄进行。若使用植物生长调节剂保花保果,为防止灰霉病的发生,每2 500克药液中加入25克/升咯菌腈10毫升。大果型品种每穗选留3～4个果,中果型品种每穗留4～6个果。

④**病虫害防控**　此期病虫害较少发生,以预防为主。可连喷2次75%百菌清可湿性粉剂600倍液,间隔10天1次,预防病害。注意利用防虫网和黄板防控蚜虫。

(2)结果期

①**环境调控**　白天20℃～30℃,夜间13℃～15℃,当外界最低温度高于12℃时可全天通风。保持棚内通风透光,降低空气湿度,减少病害发生。

②**肥水管理**　第一穗果长到核桃大小时,浇施膨果水肥,每667米^{2}施硝硫基复合肥15～20千克。进入结果期,需水量增加,要根据天气和长势等因素调整浇水间隔期,每隔10天左右浇1次水,每次浇小水,且在晴天的上午进行。以后每穗果实开始膨大时,结合浇水每667米^{2}追施尿素6.5千克和硫酸钾10千克,或硝硫基复合肥15～20千克,或硝酸钾10～15千克。随着外界气温升高,缩短浇水间隔,可5～7天浇1次水。生长后期可于晴天的下午叶面喷施0.3%～0.5%磷酸二氢钾或流体钙肥,7天1次,喷施3～4次。

③**植株管理**　留3～4穗果,在最上一层果穗开花时,留2片叶摘心。保花保果方法同上。若使用植物生长调节剂,注意随着温度升高,处理浓度应有所降低。

④**病虫害防控**　此阶段易发生灰霉病、叶霉病、早疫病、晚疫

病、细菌性溃疡病、白粉虱、蚜虫、潜叶蝇等病虫害，参照第四章病虫害防控篇部分加强防控。要以预防为主，加强栽培管理，增强植株抗病性。加强通风管理，降低湿度，减少病害发生。注意连阴天防控病害时，尽量使用烟剂或粉尘剂，防止增加棚室湿度。

（五）秋茬黄瓜生产关键技术

秋茬黄瓜生产前期正值高温多雨季节，进入 10 月下旬后，气温下降快，因此时间短，相对管理难。一般采用直播方式，单行播种，利于通风透光。

1. 品种选择 选用前期抗高温、后期耐低温、抗病、抗逆性强、商品性状好、产量高的品种，如德瑞特 223、亮优 888 等。

2. 播前准备 在中等肥力条件下，结合整地每 667 米^2 施优质腐熟粪肥 3 000 千克，硫酸钾型复合肥 50 千克。地块整平后按垄距 1 米起垄，垄宽 40 厘米，垄高 10～15 厘米。

3. 播种 8 月上旬播种。每 667 米^2 用种 150～200 克，播种前选择晴天晒种 1～2 天。播种时穴播，每隔 8～12 厘米点种子 1～2 粒。播后为防止暴晒，在种子上要封一小土垄，高约 5 厘米。由于气温高、湿度大，种子发芽很快，要在种子发芽顶土前及时把封土搂平。一般 4 天即可出苗。

4. 田间管理

（1）播种至根瓜坐住

①间苗、补苗、定苗 要早间苗、晚定苗，及时拔除病劣苗。发现缺苗、断垄，应及时补苗。每 667 米^2 留苗 2 500～2 800 株。

②肥水管理 到 8 月下旬根瓜坐住，此阶段处在高温时期，这一时期，既不能干旱，也不能浇水过大，小水勤浇，浇后及时中耕，防止高温高湿造成幼苗徒长。

③温度调控 白天加强放风管理，最高温度 30℃～32℃，夜间最低温度 13℃～15℃。

④植株调整 植株 30 厘米高时及时吊蔓，10 节以下的侧蔓

要尽早除去。

⑤病虫害防控　虫害主要有蚜虫、白粉虱、瓜绢螟、蓟马，病害主要有立枯病、霜霉病等，参照第四章病虫害防控篇部分加强防控。

(2)结 瓜 期

①环境调控　白天温度25℃～30℃，最高温度30℃～32℃，夜间最低温度13℃～15℃。该种植模式棚膜全年覆盖，前期大通风，后期随着外界气温的下降，逐步提高白天的温度，蓄存热量，以提高夜间的温度。10月中旬以后进入低温期，以防寒保温为主，适当通风换气，在大棚周围特别是北边围草苫，以防低温冷害。

②肥水管理　当根瓜膨大时，开始追肥，每667米^{2}每次追施硫酸钾复合肥15～25千克，或高氮高钾水溶肥10～20千克，或硝酸钾10～15千克。摘根瓜后进入结瓜期和盛瓜期，浇水量适当加大，但应注意避免高湿，否则会造成病害发生。10月中旬以后进入结瓜后期及低温期，应注意减少浇水，以保持地温。浇水时每667米^{2}每次追施硫酸钾复合肥15～25千克，或高氮高钾水溶肥10～20千克，或硝酸钾10～15千克。后期可叶面喷肥，可用0.3%～0.5%磷酸二氢钾溶液，或沃家福海藻肥1 000倍液，7～10天喷施1次，连喷2～3次。

③植株调整　当主蔓快到架顶时，一般在20～25节时摘心，以利回头瓜的发生，并及时打掉底部的老叶、黄叶、病叶。10节以下侧蔓的要尽早除去，上面的侧蔓可采取见瓜后留1叶摘心。

④病虫害防控　虫害主要有蚜虫、白粉虱、瓜绢螟、蓟马，病害主要有霜霉病、细菌性角斑病、靶斑病、灰霉病等，参照第四章病虫害防控篇部分进行防控。

四、早春脆瓜—秋茬黄瓜

(一)高效实例

该模式是河北省青县发展起来的一种塑料大棚高效栽培模

式。早春茬种植脆瓜，每 667 米^2 产量 5 000～6 000 千克，扣除种苗、肥料、农药、棚膜等农资成本约 2 700 元，在不计人工和大棚折旧的情况下，每 667 米^2 产值约 1.5 万元；秋茬黄瓜每 667 米^2 产量 3 000～4 000 千克，扣除种苗、肥料、农药等农资成本约 800 元，在不计人工和大棚折旧的情况下，每 667 米^2 产值约 5 000 元。两茬蔬菜常年每 667 米^2 产值（不计人工成本和大棚折旧）在 2 万元左右。

（二）茬口安排

早春脆瓜 1 月上旬嫁接育苗，3 月上旬定植，4 月上中旬开始采收，7 月份价格较低时拉秧；秋茬黄瓜 8 月上旬直播，9 月中下旬开始采收，11 月上中旬拉秧。

（三）早春茬脆瓜生产关键技术

脆瓜，又名菜瓜，是甜瓜的变种，果皮极薄、嫩瓜清脆，营养丰富，适宜生食。

1. 品种与秧苗 品种选择及嫁接苗培育参见第一章第二节秋冬茬脆瓜—早春茬羊角脆中的秋冬茬脆瓜。只是脆瓜播种期在 1 月 15～20 日，15～20 天后播种砧木南瓜。此阶段温度低、光照弱，应在日光温室内育苗，注意加强增温保温，注意改善光照。建议农户从育苗企业订购或委托代育优质嫁接苗。

2. 定植前准备

（1）整地施肥 结合整地每 667 米^2 基施优质腐熟粪肥 5 000 千克，过磷酸钙 50 千克，硫酸钾 20 千克，有益菌肥 80 千克，钙镁硼锌铁微肥 2 千克。后深翻细耙，按行距 100 厘米做畦。

（2）扣棚挂天幕 参照第二章第二节一大茬薄皮甜瓜进行。

3. 定植 采用多膜覆盖，3 月 1～10 日，选择冷尾暖头的晴天上午定植。定植方法、密度等同本章第二节一大茬薄皮甜瓜。

4. 田间管理

（1）环境调控 定植后气温较低，白天保持 30℃～35℃，中午

短时间超过 35℃不放风；缓苗后白天保持 25℃～30℃，夜间 15℃。撤小拱棚和天幕参照本章第二节一大茬薄皮甜瓜进行。

(2)肥水管理　定植时浇透水，5～7 天后浇缓苗水，每 667 米^2 随水冲施生根肥料，如真根 5 千克。以后根据天气和土壤墒情适时浇水，保持土壤湿润，忌大水漫灌。从根瓜膨大期开始，每茬瓜开始膨大时，每 667 米^2 随水冲施高氮高钾复合肥 15～20 千克，或硝酸钾 5～10 千克。

(3)植株管理　在主蔓 10 节以上开始留瓜，每株 3～4 个。单蔓整枝。其他可参照第一章第二节秋冬茬脆瓜—早春茬羊角脆中的秋冬茬脆瓜部分进行。

(4)病虫害防控　前期可喷施 40%百菌清悬浮剂 800 倍液，或 25%嘧菌酯悬浮剂 1 500 倍液预防病害发生。中后期注意防控霜霉病、细菌性角斑病、炭疽病、白粉病、蔓枯病及粉虱、蚜虫、蓟马等。具体措施详见第四章病虫害防控篇部分。

(四)秋茬黄瓜生产关键技术

详见本章第二节冬春茬茴香—早春茬番茄—秋茬黄瓜中的秋茬黄瓜部分。

五、春茬黄瓜—秋茬豇豆

(一)高效模式

该模式是河北省青县发展起来的塑料大棚高产高效栽培模式。春茬黄瓜每 667 米^2 产量 9 000～10 000 千克，扣除种子、肥料、农药、棚膜等农资成本约 2 400 元，在不计人工和大棚折旧的情况下，每 667 米^2 产值约 1.3 万元；秋茬豇豆每 667 米^2 产量 1 500～2 000 千克，扣除种子、肥料、农药等农资成本约 700 元，在不计人工和大棚折旧的情况下，每 667 米^2 产值约 1.4 万元。两茬蔬菜常年每 667 米^2 产值(不计人工成本和大棚折旧)在 2.7 万元左右。

(二)茬口安排

春茬黄瓜1月中下旬育苗，2月下旬至3月上旬定植，4月上旬开始采收，6月底至7月初价格较低时拉秧；秋茬豇豆8月上旬直播。

(三)春茬黄瓜生产关键技术

1. 品种选择 选择前期耐低温、后期耐高温、抗病性强的优良品种，如亮优3000、博美507等。

2. 培育壮苗 1月中下旬播种育苗，正处于低温季节。建议到专业化育苗企业购买优质壮苗。自育幼苗应在温控条件好的温室内进行，遇有持续低温雾霾天气时，应通过临时加温和多层覆盖进行增温保温，通过补光灯改善光照条件，保证幼苗处于适宜生长环境。具体技术要点如下。

(1)种子处理 播种前1～3天进行晒种，晒种后将种子用55℃的温水浸种15分钟，并不断搅拌，之后待水温降到30℃～35℃后，将种子反复搓洗，用清水洗净黏液，浸泡3～4小时，将浸泡好的种子用洁净的湿布包好，放在28℃～32℃条件下催芽1～2天，待种子70％露白时播种。

(2)播种 在加温温室中育苗，用32孔或50孔穴盘进行育苗。使用育苗专用基质，基质在填充穴盘前要充分润湿，基质含水量一般以60％为宜，即用手握一把基质，没有水分挤出，松开手会成团。将基质填满育苗穴盘，刮平。将5个装好基质的育苗穴盘垂直叠放在一起，两手伸平放在顶部穴盘上均匀下压，使每个穴孔里的基质形成1厘米深的播种孔，每孔点黄瓜籽1粒，再上覆1厘米厚蛭石。

(3)苗期管理 播后覆盖地膜保温保湿，白天温度28℃～32℃，夜间18℃～20℃。50％种子顶土时揭去地膜，白天22℃～25℃，夜间12℃～15℃；第一片真叶长出后，白天温度应控制在25℃～30℃，不宜过高，夜温一定要控制在15℃以下，最好12℃～

13℃。苗期不旱不浇水，如旱可在晴天中午洒水，严禁浇大水，浇水后注意放风排湿，及时揭草苫增加光照。定植前 7～10 天，进行炼苗，温室草苫早揭晚盖，减少浇水，增加通风量和时间，白天保持 20℃～25℃，夜间 8℃～10℃，并需要 1～2 次短时间 5℃的锻炼。注意参照第四章病虫害防控篇部分防止猝倒病发生。

(4)壮苗标准 苗龄 35 天左右，株高 15～20 厘米，3 叶 1 心，子叶完好，节间短粗，叶片浓绿肥厚，根系发达，健壮无病。

3. 定植前准备

(1)整地施肥 施肥应以有机肥为主、化肥为辅，建议测土配方施肥。也可参照以下施肥量根据土壤肥力施肥。中等肥力水平的菜地每 667 米^2 施优质腐熟有机肥 5 000 千克，尿素 20 千克，过磷酸钙 75 千克，硫酸钾 30 千克。基肥撒施后，深翻地 30～40 厘米，土肥混匀、耙平，按 1～1.1 米行距起小高垄，垄宽 30～40 厘米，高 10～15 厘米。

(2)扣棚膜挂天幕 采用"四膜覆盖"即一层大棚薄膜，二层天幕膜和苗上一层小拱棚膜，定植前 20 天扣大棚膜，以便提高地温，在大棚内 10 厘米地温连续 3 天稳定在 12℃以上即可定植。定植前 5～7 天挂天幕两层，间隔 15～30 厘米，最好选用厚度 0.012 毫米的聚乙烯无滴地膜。

4. 定植 定植前 1 天在苗床喷 1 次杀菌剂，可选用 40%百菌清悬浮剂 800 倍液，或 25%嘧菌酯悬浮剂 1 500 倍液。定植要选择晴天上午进行。垄上开沟浇水，待水渗至半沟水时按株距 25 厘米左右放苗，水渗后埋土封沟，每 667 米^2 定植 2 500～2 700 株，定植后在畦上扣小拱棚。

5. 田间管理

(1)定植至根瓜坐住

①环境调控 刚定植后，地温较低，需立即闷棚，即使短时气温超过 35℃也不放风，以尽快提高地温促进缓苗。缓苗期间无过高温度，不需放风。小拱棚在早晨及时扒开，以尽快提高土壤温

度。缓苗后根据天气情况适时放风，应保证21℃～28℃的时间在8小时以上，夜间最低温度维持在12℃左右。小拱棚一般在定植后15～20天，开始吊绳时撤除。随着外界温度升高，3月中旬先撤除下层天幕，3月底至4月初撤第二层天幕。大棚气温白天上午在25℃～30℃，下午20℃～25℃最好。棚内空气相对湿度应控制在85%以下，尽量使叶片不结露、无滴水。

②**肥水管理** 定植后浇1次缓苗水，以后不干不浇。进行3～4次中耕松土，由近及远，由浅到深，结合中耕给瓜苗培垄。

③**植株调整** 当植株长到7～8片叶时，株高25厘米左右，去掉小拱棚，开始吊绳，在6或7节留第一瓜，第一瓜以下的侧蔓要及早除去，以上侧蔓，瓜前留2叶摘心。

④**病虫害防控** 本期病虫害较少发生，可喷施40%百菌清悬浮剂800倍液，或25%嘧菌酯悬浮剂1 500倍液预防。

(2)结 瓜 期

①**环境调控** 随着外界气温升高逐步加大风口，当外界地温稳定在12℃以上时，可昼夜通风，大棚气温白天上午在25℃～30℃，下午20℃～25℃最好。空气相对湿度应控制在85%以下。浇水后晴天上午要先闭棚升温至33℃，而后缓慢打开风口放风排湿。气温降至25℃，关闭风口，如此一天进行2～3次，连续进行2～3天，降低棚内空气湿度。

②**肥水管理** 当黄瓜长到12片叶左右，约60%秧上都长有12厘米左右的小瓜时，浇第二次水，每667米^{2}追施尿素3千克和硫酸钾5千克，或高氮高钾水溶肥10千克。进入结瓜期后，需水量增加，要因长势、天气等因素调整浇水间隔期，黄瓜生长前期间隔10～15天浇1次水，中期间隔7～10天浇1次水，后期间隔5～7天浇1次水，前期浇水以晴天上午浇水为好。一般隔水带肥，每次每667米^{2}追施尿素3千克和硫酸钾5千克，或高氮高钾水溶肥10千克。

③**植株调整** 侧蔓瓜前留2叶摘心。当主蔓长到25片叶时

摘心，促生回头瓜，根瓜要及时采摘以免坠秧。

④病虫害防控 本期虫害主要有蚜虫、白粉虱、蓟马，病害主要有霜霉病、细菌性角斑病、靶斑病、灰霉病，参照第四章病虫害防控篇部分加强防控。

(四)秋茬豇豆生产关键技术

1. 品种选择 选用前期抗高温、后期耐低温、抗病、抗逆性强、商品性状好、产量高的品种，如绿丰99。

2. 播前准备

(1)整地施肥 在中等肥力条件下，结合整地每667米^{2}施优质腐熟有机肥3 000千克，尿素5千克，过磷酸钙30千克，硫酸钾15千克。做成宽100厘米的畦，将土坷垃打碎，畦面搂平。

(2)扣膜 播种前把大棚顶膜先扣上，两边(棚长方向)裙膜掀起，顶部棚膜封严，这样既通风降温，又可以挡雨遮雾。也可敞棚栽培，气温降低后再扣棚膜。

(3)大棚消毒 每667米^{2}大棚用45%百菌清烟剂250～500克，加22%敌敌畏烟剂250～500克，分堆点燃，密闭大棚1昼夜，放风无气味后再播种。或播种前参照第一章第二节全年一大茬黄瓜部分进行高温闷棚。

3. 播种 8月上旬播种，每667米^{2}用种2 000～2 500克。播种前，选择晴天在阳光下晒种2～3天。在畦内按大小行距60厘米、40厘米开沟，沟深5厘米，顺沟灌水，水渗下后播种，将种子贴在沟边上，距离地面约2.5厘米，每隔20厘米左右点种子2～4粒。播后为防止暴晒，在种子上要封一小土垄，垄高2～3厘米。由于气温高、湿度大，种子发芽很快，3天左右即可顶土出苗。顶土前将土垄搂平。

4. 田间管理

(1)播种至开花结荚初期

①间苗、补苗、定苗 大棚秋延后豇豆要早间苗，晚定苗，及

时拔除病劣苗。如发现缺苗、断垄，应及时补苗。每 667 米^2 留苗 5 500～6 000 株。

②中耕及肥水管理　豇豆定苗至缓苗后，在不太干旱的情况下，宜勤中耕松土保墒，蹲苗促根，使植株生长健壮。若肥水过多，茎叶生长旺盛，则花序数减少，形成中下部空蔓。一般至第一花序出现时浇第一次水，并结合施肥，如定植前基肥不足应在两侧或行间开沟施饼肥或化肥，施肥后封沟浇水。每 667 米^2 施饼肥 100 千克或尿素 20 千克。

③植株调整　第一花序出现后，及时抹去以下的侧芽，这样可使主蔓生长好，营养集中，促进开花结荚。主蔓第一花序以上的侧枝，应在早期留 2～3 叶摘心，促使侧枝上形成一穗花序。并结合整枝插架，促蔓上架。

④环境调控　9 月下旬，当夜间气温降低到 13℃以下时，要及时扣上两边的裙膜。如敞棚栽培的要及时扣棚膜。扣裙膜后，要加强放风管理，白天保持最高温度 30℃～32℃，夜间最低温度 13℃～15℃。

⑤病虫害防控　虫害主要有蚜虫、白粉虱、豆荚螟、潜叶蝇、茶黄螨等，病害主要有猝倒病、立枯病、病毒病等，参照第四章病虫害防控篇部分重点防控。

(2)结荚期

①环境调控　白天注意放风管理，最高温度 30℃～32℃，夜间最低温度 13℃～15℃。随着外界气温的下降，逐步提高白天的温度，蓄存热量，以提高夜间的温度。10 月中旬以后进入低温期，以防寒保温为主，适当通风换气，在大棚周围特别是北边围草苫，以防外界低温的侵袭。

②肥水管理　进入结荚期后要保持畦面湿润，隔水要追施 1 次高氮高钾复合肥 10～15 千克。叶面喷施 0.2%～0.5%硼、钼等微肥有利于结荚。

③植株调整　当主蔓生长到 15～20 节、达到 2～2.5 米高时

进行摘心，以控制营养生长，促进多出侧枝，以形成较多花芽。

④病虫害防控　本期虫害主要有蚜虫、白粉虱、豆荚螟、潜叶蝇、茶黄螨等，病害主要有锈病、灰霉病、病毒病，参照第四章病虫害防控篇部分重点防控。

(3)采收　豇豆一般在花后10～20天豆粒略显时即可采收。应根据当地市场消费习惯及品种特性，及时分批采收，以减轻植株负担，并确保商品果荚品质，促进后期植株和果荚生长。收获初期每隔4～5天收获1次，盛期每隔1～2天收获1次。豇豆从下往上陆续挂果，各层花序上的多对花芽，开放时也有先后顺序，果荚大小不等，必须分次采摘。采摘时要特别注意不要损伤小花蕾。

六、一大茬薄皮甜瓜

(一)高效模式

该模式是河北省青县发展起来的塑料大棚高产高效栽培模式。薄皮甜瓜每667米^{2}产量6 000～8 000千克，扣除种苗、肥料、农药、棚膜等农资成本约3 000元，在不计人工成本和大棚折旧的情况下，每667米^{2}产值2万～3万元，最高达到5万元。产品销往周边市县、北京、天津、东北三省、山东等地，市场广阔。

(二)茬口安排

薄皮甜瓜一般3月初定植，5月上中旬采收上市，直至9月下旬拉秧。

(三)甜瓜生产关键技术

1. 品种选择　选用符合市场需求、品质优良、丰产性好、抗逆性强、品质优良的品种，主要有羊角脆，白皮白肉类型的雪甜，绿皮绿肉类型的翠韵天下、珍香、珍翠及花皮绿肉类型的花雷等；砧木选择甜瓜专用嫁接南瓜品种，如新土佐、青研甜砧、营砧9号等。

2. 嫁接育苗 近年来蔬菜集约化育苗发展迅速，商品蔬菜苗质量高、抗病性强、苗齐苗壮，建议农户从育苗企业订购或委托代育优质嫁接苗。农户自己育苗甜瓜播种时间在1月下旬播种，采用贴接法，甜瓜播后15～20天，第一片真叶如指甲盖大小时再播南瓜种子。浸种催芽、播种方法、苗期管理、嫁接及嫁接后管理参见第一章第二节秋冬茬脆瓜—早春茬羊角脆中的早春茬羊角脆部分。

壮苗标准为：苗龄45～50天，嫁接苗长到3叶1心，茎秆粗壮，子叶完整，叶色浓绿，生长健壮；根系紧紧缠绕基质，嫩白密集，形成完整根坨，不散坨；无黄叶，无病虫害；整盘苗整齐一致。

3. 定植前准备

(1)整地施肥 每667米^{2}施优质腐熟粪肥5 000千克，45%硫酸钾复合肥50千克，生物菌肥80～120千克，中微量元素肥钙镁硼锌铁2千克。造足底墒，基肥撒施后，深翻地30～40厘米，混匀、耙平，按行距100厘米做高畦。

(2)扣棚膜挂天幕 早春采用“多膜覆盖”(即大棚膜＋天幕＋天幕＋小拱棚)，比单膜大棚可提早定植20天以上。定植前20天扣大棚膜，提高地温。定植前5～7天挂天幕两层，间隔15～30厘米，天幕选用厚度0.012毫米的聚乙烯流滴地膜。

4. 适期定植 在3月上旬，大棚内10厘米地温稳定在12℃以上时，选择晴天上午进行定植。秧苗在定植前1天用75%百菌清可湿性粉剂600倍液喷雾杀菌。按行距1米在畦中间开沟，浇定植水，待水渗至一半时按株距30厘米左右放苗，每667米^{2}定植2 000株左右。定植后2个畦扣1个小拱棚，小拱棚棚膜选用厚度0.012毫米的聚乙烯流滴地膜。

5. 定植后田间管理

(1)定植后至第一茬瓜坐住

①环境调控 刚定植后，地温较低，应保持大棚密闭，即使短时气温超过35℃也不放风，以尽快提高地温促进缓苗。缓苗后根

据天气情况适时放风，保证21℃～28℃的时间在8小时以上，夜间最低温度维持在12℃左右。随着植株生长和外界温度升高，瓜秧开始吊绳前撤除小拱棚，3月下旬撤除下层天幕，4月上旬撤第二层天幕。

②肥水管理　定植后根据墒情可浇1次缓苗水，以后不干不浇。浇水应避免大水漫灌。

③植株调整　采用单蔓整枝法，主蔓长至30厘米长时吊蔓。主蔓长有25片叶左右摘心，在10～13节选留子蔓留瓜，坐果后留1片叶摘心，每株留3～4个瓜，10节以下与14～20节的子蔓全部去掉。

④保花保果　羊角脆可自然授粉留果，其他甜瓜品种采用氯吡脲蘸花；也可采用熊蜂授粉，于大量开花前1～2天(开花数量大约5%时)放入。

⑤病虫害防控　参见第一章第二节秋冬茬脆瓜—早春茬羊角脆中的早春茬羊角脆部分。

(2)结 瓜 期

①环境调控　瓜定个到成熟，白天温度25℃～35℃，夜间保持在12℃以上，利于甜瓜的糖分积累。随着外界气温升高逐步加大风口，当外界气温稳定在12℃以上时，可昼夜通风，大棚气温白天上午在25℃～35℃、下午20℃～25℃最好。

②肥水管理　当瓜胎长至鸡蛋大时，选择晴天上午结合浇小水，每667米^{2}冲施硝酸铵钙5千克和硫酸钾10千克，或硝酸钾10千克和中微量元素肥钙镁硼锌铁2千克。每茬果实膨大期可浇水追肥2～3次，采收前7～10天停止浇水追肥。

③植株调整　及时摘除下部病叶、黄叶。在21～23节子蔓开始选留二茬瓜。主蔓在25片叶左右摘心后，保留2～3条子蔓，第三、第四茬瓜在子蔓上萌生的孙蔓上选留。

④保花保果　第二茬果实保花保果措施同第一茬瓜，第三、第四茬甜瓜可以自然坐瓜。

⑤病虫害防控　参见第一章第二节秋冬茬脆瓜—早春茬羊角脆中的早春茬羊角脆部分。

6. 适时采收　根据开花日期、果皮颜色变化结合不同品种果实成熟特性判断果实成熟度，适时采收。采收应在清晨进行，采收后存放于阴凉处。

七、春茬黄瓜间作甜瓜

（一）高效实例

该模式是河北省青县发展起来的一种塑料大棚高效栽培模式。春茬黄瓜每667米^{2}产量9 000千克左右，扣除种苗、肥料、农药、棚膜等农资成本约2 400元，在不计人工和大棚折旧的情况下，每667米^{2}产值约1.2万元；甜瓜每667米^{2}产量2 500千克左右，扣除种苗、肥料、农药等农资成本约600元，在不计人工和大棚折旧的情况下，每667米^{2}产值约1万元。该模式全年每667米^{2}年产值（不计人工成本和大棚折旧）2.2万元左右。

（二）茬口安排

黄瓜、甜瓜均在1月中旬育苗，黄瓜可育自根苗，甜瓜育嫁接苗。3月3日定植黄瓜，3月10日将甜瓜定植在立柱旁边。黄瓜4月上旬开始采收，6月中下旬价格较低时拉秧；甜瓜5月下旬至6月上旬开始采收第一茬瓜，10月上旬拉秧。

（三）生产关键技术

1. 品种选择　黄瓜选择前期耐低温、前期产量高、抗病性强的品种，如博美507、亮优3000等。甜瓜选择长势旺盛、丰产性高的薄皮品种，如翠韵天下、奥绿4号、羊角脆、珍香等。甜瓜砧木选择新土佐等白籽南瓜。

2. 培育壮苗　1月中旬育苗，正处于低温季节，建议到专业化育苗企业购买优质壮苗。自育幼苗应在温控条件好的温室内进行，遇有持续低温雾霾天气时，应通过临时加温和多层覆盖进

行增温保温，通过补光灯改善光照条件，保证幼苗处于适宜生长环境。黄瓜育苗可参照本章第二节春茬黄瓜—秋茬豇豆中的春茬黄瓜部分，甜瓜嫁接苗培育可参照第一章第二节秋冬茬脆瓜—早春茬羊角脆中的早春茬羊角脆部分。黄瓜苗龄35天左右，株高15～20厘米，3叶1心定植。甜瓜嫁接后30天左右时，嫁接苗长到3叶1心或4叶1心定植。

3. 定植前准备

(1)整地施肥　中等肥力水平的菜地一般每667米^{2}施优质腐熟有机肥5 000千克，尿素20千克，过磷酸钙75千克，硫酸钾30千克，基肥撒施后，深翻地30～40厘米，土肥混匀、耙平。青县大棚立柱行间距2米，按2米宽做畦，立柱全部在畦背上，畦内起2个高10～15厘米的高垄，垄宽20～25厘米，垄距1米。

(2)扣棚膜挂天幕　采用"多膜覆盖"即一层大棚薄膜、二层天幕膜，定植前20天扣大棚膜，以便提高地温，在大棚内10厘米地温连续3天稳定通过12℃即可定植。定植前5～7天挂天幕两层，间隔20～30厘米，天幕选用厚度0.012毫米的聚乙烯无滴膜。

(3)定植前消毒　定植前1天在苗床喷1次杀菌剂，可选用77%氢氧化铜可湿性粉剂700倍液，或75%百菌清可湿性粉剂600倍液。大棚内地面、立柱等全方位喷1次杀菌剂进行杀菌消毒。

4. 定　植

(1)黄瓜　青县以前定植时间一般在2月22～25日，由于近几年雾霾天气频发，冷空气活动频繁，定植时间错后到3月初进行。关注天气预报，选择能保证定植以后连续几天晴天上午定植。以两垄为畦背，在两垄内侧垄肩处划3～5厘米浅沟后浇水，在浅沟按株距27厘米左右放苗，水渗后封土，每667米^{2}定植2 500株左右。

(2)甜瓜　黄瓜定植后7～10天定植甜瓜，由于以后甜瓜种植要以立柱为支架，"一根立柱一棵秧"，甜瓜定植在畦背上，距立柱25厘米左右。挖坑点水定植，水渗后封土。每667米^{2}定植2 700株左右。

黄瓜、甜瓜定植后用地膜覆盖地面。

5. 定植后管理 前期以黄瓜为主，黄瓜拉秧后以甜瓜为主。根据市场黄瓜价格，进入6月后，市场价格每千克低于1元时拉秧。黄瓜管理详见大棚早春黄瓜—秋茬豇豆黄瓜部分。甜瓜真正的田间管理是从黄瓜拉秧开始。拉秧的同时，将地膜一并撤掉，浅中耕除草，培好由于拉秧破坏的黄瓜垄，以便于以后的浇水施肥（此时的甜瓜根系已经非常庞大，浇水施肥仍用原浇水沟）。甜瓜管理具体如下。

(1)甜瓜定植至黄瓜拉秧

①环境调控 按照黄瓜的特性管理即可。

②肥水管理 黄瓜拉秧之前，不浇水、不施肥，因为黄瓜生长需肥水量大、次数多，通过渗透即可保持甜瓜正常生长。

③植株管理 与黄瓜共生前期采用单蔓整枝。株高40～50厘米，绑架在立柱上，甜瓜秧绕立柱生长，30厘米左右绑一道蔓。在主蔓12～13节的子蔓上留头茬瓜，留瓜子蔓要在瓜前留1叶摘心。一般主蔓长至高于架丝杆（架丝杆高度在1.8米左右）10～15厘米时去掉生长点，顶部留3～4条侧蔓，在架丝和架丝杆上水平生长。留侧蔓后，已进入6月份，由于黄瓜生长旺盛，在黄瓜阴影下，甜瓜侧蔓生长缓慢。

④保瓜与疏瓜 由于甜瓜第一茬留瓜是和黄瓜共生期间，管理以黄瓜为主，甜瓜光合作用不足，肥水供应不足，制造的养分少，因此甜瓜长势弱，第一茬坐瓜较难。除羊角脆可以不用蘸花外，其他品种还可采用0.1%氯吡脲（具体参照说明书使用），一般每袋5毫升对水1～1.5升蘸花或喷花，药液中加入色素做标记。在每天的上午10时以前和下午3时以后处理（最好不超过30℃），及时摘除畸形瓜，留瓜3～4个，不宜留得太多。

⑤病虫害防控 重点防控霜霉病、白粉病、蔓枯病、细菌性果

腐病、灰霉病等。

(2)黄瓜拉秧后至甜瓜结瓜结束

①环境调控　6月份至9月上旬高温多雨，除棚顶扣膜外，四周敞开大通风，起到凉棚降温防雨作用。下雨时可将薄膜放下来，雨停后立即打开，及时排水防涝，防止畦内积水。9月中旬至10月上中旬，温度适合甜瓜生长，白天温度尽量保持在25℃～33℃，晚上温度在13℃～15℃，确保最后一茬瓜的质量。

②肥水管理　浇水要根据土壤墒情、植株长势，适量追肥浇水，切忌忽干忽湿，以防裂瓜。一般每隔15天左右结合浇水每667米^{2}冲施高氮高钾复合肥20～25千克，或硝酸钾15～20千克。

③植株管理　黄瓜拉秧后，侧蔓迅速生长，长满整个架丝和架丝杆上。应及时在侧蔓节位留第二茬瓜，每株留4～6个瓜。在第二茬瓜进入膨瓜期后选留第三茬瓜，以后所有雌花都进行氯吡脲处理，瓜前留1叶，然后摘心(羊角脆甜瓜不需要处理)。菜农称它“随意坐果”。生长期摘去植株基部的老叶，有利于空气流通，减少病虫害和养分消耗，促进植株的生长发育，有利于开花结果和果实的成熟。

④病虫害防控　参见本章第二节一大茬薄皮甜瓜部分。

(3)采收　供应本地市场的，应充分成熟采收。外运的甜瓜应提前2～3天，八九成熟采收，以免运输途中变质腐烂。

八、春茬黄瓜—秋茬甜瓜

(一)高效实例

该模式是河北省青县发展起来的一种塑料大棚高效栽培模式。黄瓜每667米^{2}产量9 000千克左右，扣除种子、肥料、农药、棚膜等农资成本约2 400元，在不计人工和大棚折旧的情况下，每667米^{2}产值约1.3万元；秋茬甜瓜每667米^{2}产量1 500～2 000

千克,扣除种子、肥料、农药等农资成本约 600 元,在不计人工和大棚折旧的情况下,每 667 米^2 产值 4 000～5 000 元。两茬蔬菜每 667 米^2 产值(不计人工成本和大棚折旧)1.8 万元左右。

(二)茬口安排

黄瓜 1 月中旬育苗,3 月 3 日定植,4 月上旬开始采收,6 月下旬至 7 月初价格较低时拉秧;甜瓜 6 月下旬至 7 月上旬黄瓜拉秧后直播,9 月下旬至 10 月上旬采收。

(三)早春黄瓜生产关键技术

详见本章第二节春茬黄瓜—秋茬豇豆中的春茬黄瓜部分。

(四)秋茬甜瓜生产关键技术

1. 品种选择 选用符合市场需求、品质优良、丰产性好、抗逆性强、品质优良的品种,主要有羊角脆、雪甜、翠韵天下、珍香、珍翠、花雷等。

2. 整地施肥 每 667 米^2 施优质腐熟粪肥 5 000 千克,硫基平衡复合肥 50 千克,生物菌肥 80～120 千克,中微量元素肥钙镁硼锌铁 2 千克。造足底墒,基肥撒施后,深翻地 30～40 厘米,混匀、耙平,按行距 100 厘米做畦。

3. 播种 6 月下旬至 7 月上旬播种。每种植 667 米^2 用种 90～120 克。播种前选择晴天晒种 1～2 天。在畦内单行开沟,沟深 5 厘米,顺沟灌水,水渗下后播种,将种子贴在沟边上,距离地面约 2.5 厘米,每隔 8～12 厘米点种子 1～2 粒。播后为防止暴晒,在种子上要封一个土垄,高约 5 厘米。由于气温高、湿度大,种子发芽很快,要在种子发芽顶土前把封土垄搂平。3 天开始放风,4 天即可出苗。

4. 田间管理

(1)播种后至瓜坐住

①间苗、补苗、定苗 要早间苗、晚定苗,及时拔除病劣苗。发现缺苗、断垄,应及时补苗。每 667 米^2 留苗 2 000～2 200 株。

②环境调控　白天加强放风管理，控制温度在 30℃～32℃，夜间 13℃～15℃。

③肥水管理　结果以前处在高温时期，这一时期，既不能干旱，也不能浇水过大，浇后及时中耕，防止高温高湿造成幼苗徒长。

④植株调整和保花保果　采用单蔓整枝法，主蔓长至 30 厘米长时吊蔓，长至 25 片叶左右摘心，在 10～13 节选留子蔓留瓜，坐果后留 1 片叶摘心，每株留 3～4 个瓜。保花保果同本章第二节一大茬薄皮甜瓜部分。

⑤病虫害防控　虫害主要有蚜虫、白粉虱、瓜绢螟、蓟马，病害主要有立枯病、霜霉病等，可参照第四章病虫害防控篇部分加强防控。

(2)结果期

①环境调控　白天温度 25℃～32℃，夜间最低 13℃～15℃。后期随着外界气温的下降，逐渐减少通风，逐步提高白天的温度，蓄存热量。

②肥水管理　当瓜胎长至鸡蛋大时，选择晴天上午结合浇小水，每 667 米^2 冲施硝酸铵钙 5 千克和硫酸钾 10 千克，或硝酸钾 10 千克和微量元素钙镁硼锌铁 2 千克。果实膨大期可浇水追肥 1～2 次，采收前 7～10 天停止浇水追肥。叶面喷肥可用 0.3%～0.5%磷酸二氢钾，或沃家福海藻肥 1 000 倍液，7～10 天喷施 1 次，连喷 2～3 次。

③病虫害防控　虫害主要有蚜虫、白粉虱、瓜绢螟、蓟马，病害主要有立枯病、霜霉病、白粉病、细菌性角斑病等。应加强防控，具体措施详见第四章病虫害防控篇部分。

5. 适时采收　在 9 月下旬至 10 月上旬，根据开花日期、果皮颜色变化结合不同品种果实成熟特性判断果实成熟度，适时采收。采收应在清晨进行，采收后存放于阴凉处。

九、春茬番茄—秋茬甜椒

(一)高效实例

该模式是近几年在河北省邯郸市曲周县、永年县等地区大面积推广的一种塑料大棚高效生产模式。春茬番茄每667米^{2}产量7 500千克左右,扣除种苗、肥料、农药和棚膜等农资成本约3 000元,在不计人工和大棚折旧的情况下,每667米^{2}产值约1.2万元;甜椒每667米^{2}产量3 000千克左右,除去种苗、肥料、农药等农资成本约1 500元,在不计人工和大棚折旧的情况下,每667米^{2}产值约8 000元。两茬每667米^{2}产值(不计人工成本和大棚折旧)2万元左右。

(二)茬口安排

冀南地区多层覆盖大棚(草苫或棉被+三层膜),12月中下旬播种育苗,可提早在翌年2月下旬定植;单层覆盖大棚一般在1月上中旬播种育苗,3月上中旬定植。4月底至5月初开始采收上市,6月底或7月初拉秧。秋延后甜椒6月下旬播种育苗,7月底或8月上旬定植,10月开始采收,可延长至11月中下旬。

(三)春茬番茄生产关键技术

1. 品种选择 选择优质、中早熟、高产、抗病品种,如天马54、天马明珠、金棚8号等。

2. 培育壮苗 购买优质商品苗或自育秧苗参见本章第二节冬春茬茴香—春茬番茄—秋茬黄瓜中的春茬番茄部分。

3. 定植前准备 在番茄苗定植前半个月左右把大棚薄膜扣好封闭大棚升温,上一年病害严重的棚室可参照第一章第二节全年一大茬黄瓜中的硫磺加敌敌畏熏蒸法进行消毒。结合整地,每667米^{2}施入优质有机肥5 000千克以上,氮、磷、钾比例为15∶15∶15的三元复合肥30千克或磷酸二铵25千克和硫酸钾25千克。深翻25～40厘米后,再翻1遍使土肥掺匀,打碎土块耙

平，按小行距50～60厘米、大行距70～80厘米做成高畦，开定植沟。

4. 定植　当棚内10厘米地温稳定在10℃以上时开始定植。冀南地区多层覆盖大棚（草苫或棉被＋三层膜），可提早在2月下旬定植，单层覆盖大棚一般在3月上中旬定植。在高畦上按行距开沟，顺沟浇定植水，按株距25～30厘米摆苗，水渗后覆土封垄，每667米^{2}定植3 500～4 000株。

5. 定植后的管理

(1)定植至第一果坐住

①环境调控　缓苗期间管理的要点是保温增温，促进缓苗。定植后，立即密封大棚，以利尽快提高温度。3～5天密闭大棚尽量不放风，以提高棚内温度，加速缓苗。温度保持在白天25℃～30℃，夜间15℃～18℃。为防止夜间温度降低，可用草苫等将大棚四周围起，以防冻害。期间应中耕松土，提高地温，促进发根缓苗。缓苗后开始通风换气，降温降湿，白天保持棚温20℃～25℃，夜间13℃～15℃。

②肥水管理　定植7～10天后视天气情况浇1次缓苗水。待土表能操作时，进行松土划锄。之后控水蹲苗，直到第一果坐住（核桃大小），期间不旱不浇水，若旱浇小水。

③植株管理　定植后2～3天进行补苗。松土培垄，并覆盖地膜。第一花序开花时，参照第一章第二节全年一大茬番茄中的措施保花保果和疏花疏果。

④病虫害防控　参照本章第二节冬春茬茴香—春茬番茄—秋茬黄瓜中的春茬番茄及病虫害防控部分。

(2)结果期

①环境调控　坐果后上午棚温25℃～30℃，下午20℃左右，夜间15℃～18℃。空气相对湿度保持在50%～60%。控制好温湿度可有效预防病害发生。5月中旬以后，光照充足，外界温度回升较快，要加大通风量，棚内气温白天保持25℃～28℃，夜间保持

15℃～18℃，昼夜温差在10℃为宜，防止夜温过高造成徒长，空气相对湿度45%～55%。放风时，注意要逐渐加大放风量，不能放风过急，以免造成损失。为避免环境急剧变化，当外界环境适宜时仍保留大棚农膜，以防裂果和秧苗早衰。

②肥水管理　当第一穗果核桃大小时，结合浇水，每667米^{2}追施高氮高钾复合肥20～25千克，水温和棚温尽量一致。避免因灌水而降低地温，影响番茄正常生长。以后视天气和土壤墒情7～10天浇水1次，每穗果开始膨大时追施1次肥。也可配合浇水冲施腐熟的人粪尿和草木灰等。5月中旬以后每5～7天浇1次，10～15天施1次肥，结果后期温度较高，宜小水勤浇。每次施肥量控制在每667米^{2}尿素10～15千克和硫酸钾10～15千克，也可采用生物冲施肥15～20千克。结果期间还应加强叶面追肥，可喷洒磷酸二氢钾肥100倍液。

③植株管理　第一穗果坐住后，插架或吊蔓、绑秧。单干整枝，主干上所有侧枝及时摘除。留3～4穗果，主干达到留果穗数后，留2片叶摘心。参照第一章第二节全年一大茬番茄中的措施保花保果和疏花疏果，每穗留果3～4个，疏除多余花和畸形花。中后期将植株底层衰老叶片摘除，改善通风状况。

④病虫害防控　参照本章第二节冬春茬茴香—春茬番茄—秋茬黄瓜中的春茬番茄及病虫害防控部分。

（四）秋茬甜椒生产关键技术

1. 品种选择　选用抗病能力强、果实商品性好、耐贮存的品种，如冀研12号、冀研13号、中椒7号、皇玛甜椒等。

2. 培育壮苗　提倡到环境调控条件较好的专业育苗场购买商品苗，商品苗标准参见第一章第二节全年一大茬辣椒部分。若自己育苗，苗床要采用遮阳网防高温日晒，防虫网阻虫防虫防病毒病。播种前种子应进行消毒。采用55℃温水浸种，边浸种边搅拌20～30分钟后捞出，再用清水浸种3～4小时捞出。用1%硫

酸铜浸种5分钟,可防治炭疽病和疫病的发生,然后用清水冲洗干净,再用10%磷酸三钠浸种30～40分钟钝化病毒的活性,用清水冲洗干净。用200毫升/升硫酸链霉素浸种30分钟,可防治疮痂病、青枯病,用清水冲洗干净。捞出甩干水分置于25℃～30℃条件下催芽,早晚用清水淘洗1次。每隔4～6小时翻动1次,当有60%以上种子萌芽时即可播种。先播种于128孔穴盘内育苗,播后在苗床上覆膜保持湿度,苗长到3～4片叶时移苗,将苗移栽在72孔穴盘内。株高15～18厘米,8～12片叶,叶色浓绿,60%植株现蕾时即可定植。

3. 定植前准备

(1)高温闷棚 上茬作物收获后,清除作物的残体,除尽田间杂草,并运出棚外集中深埋或烧毁。将作物秸秆及农作物废弃物粉碎后,每667米^{2}以1 000～3 000千克的用料量均匀铺撒在棚室内的土壤或栽培基质表面。将鸡粪、猪粪等腐熟或半腐熟的有机肥2 000～3 000千克均匀铺撒在有机物料表面,也可与作物秸秆充分混合后铺撒。每667米^{2}在有机物料的表面均匀地撒施氮、磷、钾比例为15∶15∶15的三元复合肥30千克或磷酸二铵15千克和硫酸钾15千克。有机物料速腐剂以每667米^{2}6～8千克的标准均匀撒施在有机物料表面。参照第一章第二节全年一大茬黄瓜部分进行高温闷棚。

(2)整地做畦 闷棚结束后,及时整地做垄,垄高25厘米,垄宽60厘米,垄沟宽80厘米。在垄上中间挖20厘米深沟作为膜下灌水沟。

4. 定植 7月底或8月上旬定植,在灌水沟两侧按株距25～30厘米开深10～12厘米的定植穴,顺沟浇定植水,每穴双株,水渗后覆土封垄。2～3天后松土培垄,覆盖地膜。

5. 田间管理

(1)定植至门椒坐住 定植后2～3天及时补苗。随着植株生长摘除基部长出的侧枝。门椒开花期温度高,不利于坐果,还可叶面喷施绿丰95、复硝酚钠、碧护等(按产品说明书使用)促进坐果。环境调控、肥水管理、病虫害防控等同第一章第六节早春西葫芦间作豆角—秋延后青椒中的秋延后青椒部分。

(2)结果期

①环境调控　结果期应保持白天22℃～25℃,夜间13℃～15℃。随着气温下降,注意夜间放下棚膜,后期注意保温,有覆盖条件的应在10月中下旬覆盖保温。

②肥水管理　门椒坐果后,长到2～3厘米时,开始浇水追肥,每667米^{2}追施高氮高钾复合肥或冲施肥15～20千克。进入盛果期应肥水充足,浇水一定要均匀,不可忽干忽湿。隔水追施硫酸钾型三元复合肥10千克。中后期可叶面喷施0.3%磷酸二氢钾或0.5%～1%尿素溶液2～3次。

③植株管理　及时去掉下部老叶、黄叶、病叶以利通风透光和防止病害蔓延,及时吊蔓。

④病虫害防控　参照第一章第六节早春西葫芦间作豆角—秋延后青椒中的秋延后青椒部分及第四章病虫害防控篇部分。

十、早春薄皮甜瓜—夏秋番茄

(一)高效实例

该模式是近几年在河北省乐亭县发展起来的一种塑料大棚高效栽培模式。甜瓜一般每667米^{2}产量约4 000千克,扣除种苗、肥料、农药、棚膜等农资成本约5 000元,在不计人工和大棚折旧的情况下,每667米^{2}产值约2万元;番茄每667米^{2}产量为5 000千克左右,扣除种苗、肥料、农药等农资成本约2 000元,在不计人工和大棚折旧的情况下,每667米^{2}产值6 000～8 000元。两茬每667米^{2}全年产值(不计人工成本和棚架折旧)2.6万～2.8万元。

(二)茬口安排

塑料大棚早春薄皮甜瓜栽培,12月下旬育苗,翌年2月上中

旬定植，6 月下旬拉秧；番茄 5 月下旬至 6 月中旬育苗，6 月下旬至 7 月中旬定植，9 月中下旬始收，10 月底拉秧。

（三）早春茬薄皮甜瓜生产关键技术

1. 品种选择　选择抗逆性强、耐低温、早熟、瓜形正、坐果率高的品种，如绿星、冰翡翠、新超甜翠宝、绿宝石、绿太郎、千玉六、永甜十三、金典、翠玉、含翠、绿香甜、花蜜等。

2. 培育嫁接苗　利用基质穴盘培育嫁接苗参见第一章第二节冬春茬薄皮甜瓜—夏秋茬番茄中的冬春茬薄皮甜瓜部分。建议购买优质商品苗。

3. 定植前准备

（1）施肥整地　在土壤上冻前，每 667 米^2 撒施充分腐熟有机肥 3 000～5 000 千克，硫酸钾型三元复合肥（氮、磷、钾比例为15∶15∶15）25 千克，农用硫酸锌肥 2 千克，过磷酸钙 5 千克，深翻土壤 25～30 厘米。按垄距 90～100 厘米做畦，垄台高 15 厘米。

（2）提早扣棚升温　大棚早春栽培覆膜应在 1 月上旬完成，棚内吊第二层薄膜在 2 月初完成。

（3）大棚消毒　定植前 5～7 天进行棚室消毒，方法参照第一章第二节全年一大茬黄瓜部分，消毒结束要注意通风至无气味。

4. 定植　定植时在做好的垄背上开沟栽苗，沟深 10～15 厘米，按株距 30 厘米左右栽苗。每 667 米^2 定植 2 300～2 500 株。栽苗后封苗坨。封坨时要注意土坨与垄面持平。定植后浇大水，浇水量要淹没垄台，有利于缓苗。

5. 定植后管理

（1）授粉前管理　甜瓜定植后以每周为一个生长管理期进行如下管理。

①定植后第一周　即定植后 1 周内保持棚温白天 35℃～38℃，夜间 10℃～15℃。这周为定植后新根萌发期，高温有利于根系发育。

②定植后第二周　见瓜秧叶片变绿，地表有萌发根，瓜秧见长，视天气情况适当放风，温度控制在白天28℃～38℃，夜间10℃～15℃。这周应及时吊蔓，有利于子蔓长出，同时中耕除草，增加土壤通透性，提高地温，有利于新根萌发，这周末及时浇水有利于缓苗，水量控制在垄台的一半。

③定植后第三周　及时摘除4叶以下子蔓，有利于瓜秧生长，及时缠蔓。温度白天控制在28℃～35℃，夜间10℃～13℃。

④定植后第四周　进入甜瓜授粉前准备，从瓜秧的4片叶开始子蔓留瓜，摘除4片叶以上子蔓的生长点。如无瓜胎，把子蔓全部摘除。喷施1次预防霜霉病、炭疽病和细菌性病害的药剂(详见第四章病虫害防控篇部分)，喷药后浇小水，水量至垄台一半即可，随水冲施硫酸钾型三元复合肥(氮、磷、钾比例为16∶8∶24)20千克。浇水后如见瓜秧出现节间拉长等徒长现象时，选用烯效唑2克对水15升，用手持喷雾器在瓜秧生长点喷一下。温度白天控制在28℃～35℃，夜间10℃～15℃。

(2)开花授粉期管理　瓜秧开花期，温度白天控制在25℃～35℃，夜间12℃～16℃。降低棚内空气相对湿度至80%以下。在雌花开花前选取4片叶以上子蔓上的瓜胎，开花时用咯菌腈5克+15毫升氯吡脲对水4.5升，均匀喷瓜胎，一次处理瓜胎4～6个。不得重复喷药。温度控制在25℃～35℃，提倡采用熊蜂授粉方式进行保花保果，每667米^{2}放1箱熊蜂。期间及时缠蔓、整枝和除草。自此期以后，每隔15天喷施1次防治霜霉病、细菌性病害的药剂(详见第四章病虫害防控篇部分)。

(3)膨瓜期管理　温度白天控制在30℃～35℃，夜间13℃～18℃。瓜胎开始进入快速膨大期，及时浇水，水量没过垄台，随水冲施硫酸钾型三元复合肥(氮、磷、钾比例为16∶8∶24)50千克。在膨瓜肥水后5天左右，进行疏瓜，去除小瓜、病瓜、残瓜，留大小基本一致的瓜3～4个。

(4)二茬瓜的管理　第一茬瓜授粉后30天左右开始授粉第

二茬瓜，第二茬瓜从20片叶开始留瓜胎3～4个。温度、水肥、整枝、疏瓜等管理同第一茬瓜的管理。此期防治病虫害是关键，要注意防治霜霉病、白粉病、疫病、细菌性角斑病、白粉虱、蚜虫等多种病虫害。

（四）夏秋番茄生产关键技术

参照第一章越冬茬薄皮甜瓜—夏秋茬番茄栽培中的夏秋茬番茄部分。

十一、春茬番茄—秋延后茄子

（一）高效实例

此模式为河北省衡水市饶阳县普遍应用的一种塑料大棚高效种植模式，适宜河北省冀中南地区。早春番茄每667米^{2}产量为4000千克左右；秋延后茄子每667米^{2}产量为5000千克左右。春季番茄要力争早上市，而秋季茄子要尽量晚上市，以争取最大效益。扣除种苗、肥料、农药、棚膜等农资成本约5000元，该模式每667米^{2}产值（不计人工成本和棚架折旧）在2万元以上。

（二）茬口安排

春茬番茄12月下旬育苗，翌年2月下旬定植，5月上旬开始采收；秋延后茄子7月中下旬定植，10月下旬以后采收上市。

（三）春茬番茄生产关键技术

饶阳多选用金棚1号、金棚胜冠等早熟高产品种。其他参照本章第二节春茬番茄—秋茬甜椒中的春茬番茄部分。

（四）秋延后茄子生产关键技术

1. 品种选择　选用茄子晚熟圆茄新品种农大604。该品种为河北农业大学蔬菜育种课题组培育。生长势强；始花节位9～10节，果实近圆形，果色紫黑、亮泽，着色均匀，果肉紧实、籽少，连续坐果能力强，单果重800克左右，每667米^{2}产量6000千克左右;挂果期长,丰产性好,田间表现耐黄萎病,适宜华北地区秋延后设施栽培。

2. 购买或自育健壮幼苗 建议到正规集约化育苗场购买优质商品苗。可根据定植时间,提前订购种苗,或自带种子委托苗场育苗。商品苗标准苗龄30～40天,表现为植株健壮,具有3～5片真叶,叶色深绿、肥厚,茎粗壮,节间短,根系发达,根坨成形,无病虫危害。自育秧苗在6月中下旬播种,在通风良好并有遮阴条件的设施内进行,采用72孔穴盘,每穴1～2粒种子,覆盖基质1厘米左右厚,苗期注意及时喷水,中后期可叶面喷肥1～2次。为预防病虫害定植前1～2天,用10克25%噻虫嗪水分散粒剂+10克25%嘧菌酯悬浮剂对水15升,喷淋茄子苗盘。

3. 定植 定植前结合整地施腐熟鸡粪2 000～3 000千克,三元复合肥25千克。采取平畦大小行种植,大行距80～90厘米,小行距50～60厘米,株距40～50厘米,每667米^{2}定植约2 300株。定植应选在阴天或晴天下午4时以后进行,定植前用枯草芽孢杆菌可湿性粉剂(10亿个孢子/克)拌药土后施入定植穴中,每667米^{2}用量1 000克。并用68%精甲霜·锰锌水分散粒剂500倍液(40～60毫升对水60升),对穴坑或垄沟土壤表面进行喷淋,可防定植后茎基腐和立枯病。注意定植水要浇足浇透。

4. 定植后管理

(1)定植至第一果坐住

①环境调控 茄子属典型的喜温作物,生育适温为22℃～30℃,低于17℃生长缓慢,但高于35℃对茎叶和花器发育不利。定植到缓苗期间温度要高些,白天28℃～30℃,夜间不低于15℃。缓苗后温度要降下来,一般白天25℃～30℃,夜间15℃～18℃。带棚膜定植的大棚,9月中旬以前,以通风降温为主,可采取昼夜通风,白天温度高时可覆盖遮阳网降温,当夜温低于15℃时,夜间要关闭风口。

②肥水管理 缓苗期间保持土壤湿润。缓苗后应少浇水,以

蹲苗为主，及时松土，控制徒长。

③植株管理　采用双干整枝，及时整枝打杈，不留门茄或留门茄后及早采收上市。为了保花保果，可采用防落素、番茄灵进行蘸花或喷花，番茄灵20～30毫升原液对1升水，防落素20～50毫升原液对1升水，使用时在茄子花刚刚开放时，一般在上午8～10时，用毛笔将药剂涂抹在花柄有节处，或用小喷壶喷花。

④病虫害防控　缓苗后（约定植后15天），喷1次百菌清可湿性粉剂和螺虫乙酯（剂量用法按产品说明书），预防各种真菌病害和烟粉虱。门茄开花期（约定植后25天），用25%嘧菌酯悬浮剂灌根1次，每667米^{2}用药液100毫升，每10毫升药对水15升，预防褐纹病、褐斑病、叶霉病。

(2)第一果坐住后

①环境调控　茄子第一果坐住后，可逐步提高昼夜温度，加快植株和果实生长，白天26℃～32℃，夜间15℃～18℃。进入9月中下旬后随着外界气温的逐步降低，白天风口要开小些，遇到低温阴天情况要加强保温。进入10月上旬后，当夜间棚内温度低于15℃时，可在棚内加盖一层薄膜，以利于保温。

②肥水管理　留果后随水冲施2～3次三元复合肥，每667米^{2}施冲施肥5千克。茄子喜高水肥，果实坐住开始膨大时要加大水肥，根据土壤墒情，一般5～7天浇1次水，保持土壤见干见湿。进入9月下旬，减少浇水量，可7～10天浇1次水。

③植株管理　单株留3～5个茄子后，一般在9月中旬适时摘心。待果实长成后在植株上活体保存，待价销售，根据市场行情，可到10月下旬或11月一次性采收上市。

④病虫害防控　门茄瞪眼期，用枯草芽孢杆菌可湿性粉剂（10亿个/克）800倍液灌根，每株100毫升，预防黄萎病。门茄幼果期（20～30天后），喷29%吡萘·嘧菌酯悬浮剂1 500倍液+14%氯虫·高氯氟悬浮剂1 500倍液，预防褐斑病和叶霉病。此茬茄子易发生茎基腐病、叶霉病、黄萎病、疫病、褐纹病、菌核病等

病害，以及烟粉虱、蓟马、蚜虫和鳞翅目害虫危害。除上述措施预防外，还可参照第四章病虫害防控篇部分重点防控。

第三节 盖苫塑料大棚结构类型与性能特点

一、结构类型

按照骨架材料分为全钢架和竹木骨架 2 种。

全钢架大棚跨度一般在 10～12 米，脊高 3.8～4.5 米，骨架间距 0.85～1 米，大棚中部东西向设 2 排立柱。

竹木骨架大棚跨度一般在 13～15 米，脊高 2.2～2.5 米，肩高 1.2～1.5 米，骨架间距 1 米左右，大棚东西向设 6～8 排立柱。

二、性能特点

与临时墙体日光温室基本相同，只是深冬季节温度稍低于临时墙体日光温室。

三、配套装备

（一）卷帘机

草苫或保温被分别在东西两侧双向卷放，因此需要在东西两侧分别安装 1 台卷帘机，大棚长度在 60 米以上时，每增加 40 米，则需要在每侧增加 1 台卷帘机。

（二）卷膜器

全钢架大棚通风位置可安装手动或自动卷膜器，以提高放风效率。

第四节　盖苫塑料大棚高效生产模式与配套技术

一、秋茬黄瓜—越冬芹菜—早春番茄

(一)高效实例

该模式是河北省承德市承德县发展起来的一种加苫塑料大棚栽培模式。一年三茬种植，秋茬种植黄瓜，每667米^{2}产量3 000千克左右，扣除种子、农药、肥料、棚膜等农资投入约3 000元，在不计人工和大棚折旧的情况下，每667米^{2}产值约1.5万元；冬茬芹菜，每667米^{2}产量3 000千克左右，扣除种子、肥料、农药等农资成本约300元，在不计人工和大棚折旧的情况下，每667米^{2}产值1.5万元左右；早春茬番茄，每667米^{2}产量5 000千克左右，扣除种苗、农药、肥料等农资成本约2 500元，在不计人工和大棚折旧的情况下，每667米^{2}产值2万元左右。三茬全年产值(不计人工和设施折旧)5万元左右。

(二)茬口安排

黄瓜7月下旬播种，8月上旬定植，9月上旬开始采收，11月下旬拉秧；芹菜10月中旬育苗，11月下旬定植，翌年1月末采收结束；番茄12月下旬播种，翌年2月上旬定植，4月下旬至5月上旬开始采收，6月下旬拉秧。

(三)秋冬茬黄瓜生产关键技术

1. 品种与秧苗　选择抗病、高产、商品性好的品种，如津优35、津典307、完美一号、绿岛3号、绿岛5号等。购买或自育秧苗参照第一章第六节春番茄—秋黄瓜—冬茼蒿—冬茼蒿中的秋黄瓜部分。

2. 定植　定植前大棚消毒、施肥整地及定植与第一章第二节全年一大茬黄瓜同。

3. 定植后管理 定植后各阶段的环境调控、肥水管理、植株管理及病虫害防控等均可参照第一章第六节春番茄—秋黄瓜—冬茼蒿—冬茼蒿中的秋黄瓜部分。只是在承德一些园区已应用水肥一体化技术，若应用水肥一体化技术，根瓜坐住后每667米^{2}冲施1次氮、磷、钾比例为20∶20∶20的优质水溶肥5千克。9月中旬至10月下旬，随着结瓜量的增大，每隔10天每667米^{2}追施氮、磷、钾比例为13∶6∶40的优质水溶肥5千克，也可配合使用氨基酸生物肥及其他水溶性生物菌肥，同时适当叶面喷施钙肥、硼肥及微量元素。11月份，进入结瓜后期，瓜秧逐渐衰老，在促进结瓜的同时，应注意追施氮、钾含量高的肥料保持瓜秧活力。每667米^{2}要施氮、磷、钾比例为20∶20∶20的复合肥5千克，最后一茬瓜采收前20天停止追肥。

（四）越冬芹菜生产关键技术

1. 品种选择 选用耐低温、优质、适销对路品种，如玉皇西芹。

2. 育苗 10月中旬育苗，播种采用条播或撒播法。育苗参照第一章第二节秋冬茬芹菜—育苗—早春茬黄瓜中的秋冬茬芹菜部分，只是这茬芹菜育苗期天气已经冷凉，适宜芹菜发芽和幼苗生长，不必像越冬茬芹菜那样遮光降温。苗龄约30天，4～5片真叶时开始定植。

3. 定植前准备 上茬在11月底拉秧，拉秧后及时清理棚室，用腐霉利和百菌清烟剂熏烟，将栽培高畦变为宽1米的平畦，每667米^{2}施入腐熟农家肥2 000千克，氮、磷、钾比例为15∶15∶15的复合肥30千克，准备定植芹菜。

4. 定植后的管理 11月下旬将芹菜定植到棚内，行距15厘米，株距10厘米。定植2天后浇缓苗水，以后每隔5～7天浇水1次，浇1次清水，浇1次带肥水，每次三元复合肥约5千克。配合

叶面喷施氨基酸液肥300倍液2次。

5. 病虫害防控　重点防控软腐病。

6. 采收　芹菜长到80厘米左右可陆续采收，也可根据市场需求及时采收。

（五）早春茬番茄生产关键技术

1. 品种与秧苗　选用早熟、抗病、优质、适销品种，如爱吉112、汉姆1号、欧盾等。购买或自育幼苗参见第一章第二节全年一大茬番茄部分，只是这茬番茄12月下旬播种，育苗期处于低温季节，自育幼苗应在温控条件好的温室内进行。遇有持续低温雾霾天气时，应通过临时加温和多层覆盖进行增温保温，通过补光灯改善光照条件，保证幼苗处于适宜生长环境。

2. 定植前准备及定植　芹菜采收后及时清理棚室，每667米^{2}施入腐熟有机肥8 000千克，氮、磷、钾比例为15∶15∶15的复合肥20千克，过磷酸钙40千克。深翻30厘米以上，按照单行栽培做畦，畦宽60厘米，沟宽40厘米。定植方法参照第一章第二节全年一大茬番茄进行。

3. 定植后的管理　定植后各阶段的环境调控、肥水管理、植株管理及病虫害防控等均可参照第一章第四节秋冬茬芹菜—早春茬番茄中的早春茬番茄部分。只是在承德，此茬番茄普遍留4穗果，而且一些园区已应用水肥一体化技术，第一穗果坐住后每667米^{2}冲施1次氮、磷、钾比例为20∶20∶20的优质水溶肥5千克。以后每穗果膨大时冲施1次相同的肥料，同时配合叶面喷施钙、硼、锌等微量元素。5月份为结果盛期，追肥以高钾型肥料为主，每隔15天冲施1次，每次每667米^{2}4～5千克，并配合喷施钙、硼、锌等元素叶面肥。6月份以后，植株逐渐衰老，在促进结果的同时，应注意追施氮、钾含量高的肥料保持瓜秧活力。每667米^{2}要施氮、磷、钾比例为20∶20∶20的复合肥5千克，并要特别注意浇水均匀，避免忽干忽湿，出现裂果。

二、早春薄皮甜瓜—秋延后青椒

(一)高效实例

该模式是近几年在河北省乐亭县新寨镇、乐亭镇、庞各庄乡、毛庄镇、闫各庄镇等地发展起来的一种盖苫大棚高效栽培模式。早春薄皮甜瓜一般每667米^{2}产量4 000千克左右,扣除种苗、农药、肥料、棚膜、草苫等农资成本5 000元左右,在不计人工成本和设施折旧的情况下,每667米^{2}产值约2.5万元;秋延后青椒每667米^{2}产量3 000千克左右,扣除种苗、农药、肥料等农资成本约1 500元,在不计人工成本和设施折旧的情况下,每667米^{2}产值8 000元左右。两茬全年产值(不计人工和设施折旧)3.3万元以上。

(二)茬口安排

早春薄皮甜瓜,12月下旬育苗,翌年2月上旬定植,4月中旬开始采收,6月下旬拉秧;青椒7月上旬育苗,8月中旬定植,10月上旬始收,11月底拉秧。

其他同第一章第六节早春茬薄皮甜瓜—秋延后青椒部分,只是定植期比其晚10～15天。

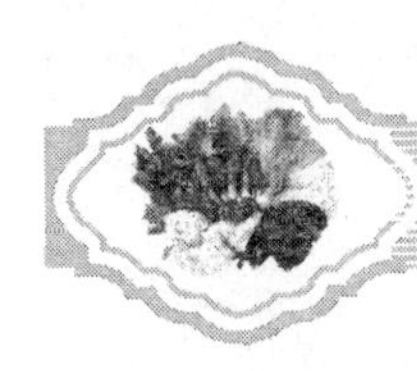

第三章　中小拱棚及露地篇

第一节　塑料中棚结构类型与性能特点

一、结构类型

中棚跨度多为3～8米，高度1.3～2米，长度30～40米，拱杆间距1米左右。骨架分为竹木骨架和钢架2种。竹木骨架中棚的拱杆和拉杆采用竹竿或竹片，中部设1排立柱，立柱间距2米左右，采用木杆或水泥立柱；钢架可采用钢筋或钢管片架，拉杆采用钢筋或4″钢管。

二、性能特点

同塑料大棚相比，中小拱棚整体空间小，热容量小，温度变化较剧烈，上午升温快，下午降温快，夜间保温效果比大棚差。其中，中棚与普通塑料大棚温度指标比较接近，在河北省中南部春季从2月下旬至3月上旬开始可种植耐寒性和半耐寒性蔬菜，3月下旬至4月上旬可种植喜温性和耐热性蔬菜。秋季从10月中旬开始最低温度逐渐低于8℃～10℃，不能满足喜温性和耐热性蔬菜的需求，从11月中旬开始温度逐渐降低，不能满足蔬菜生长要求。但若中棚覆盖草苫，其早春与秋末冬初的温度又高于普通塑料大棚，可用于春提前、秋延后蔬菜生产，冬季在覆盖草苫的情况下可生产耐寒蔬菜。

第二节　塑料中棚高效生产模式与配套技术

一、一大茬蜜童、墨童无籽小西瓜

（一）高效实例

该种植模式是近几年在河北省廊坊市文安县发展起来的一种中棚高效栽培模式，目前在永清县也有种植。棚室一般宽 6.7 米，高 1.8～2 米，长 40 米或根据地块长短而定。生产全程覆盖棚膜，应用膜下滴灌或微喷水肥一体化技术，节省用工，适于规模化生产。一般可采收 5～6 茬瓜，每 667 米^2 产量可达6 500～7 500 千克。墨童与蜜童西瓜品种，品质好、耐贮运，近 2 年市场价格持续上涨，每 667 米^2 产值可达 2.86 万～3.3 万元，扣除种苗、肥料、农药、农膜、滴灌、棚架折旧等农资成本约 5 400 元，每 667 米^2 产值可达 2.3 万～2.8 万元。

（二）茬口安排

3 月中下旬定植，5 月下旬至 6 月上旬采收第一茬瓜，以后每隔 20～30 天采收 1 茬瓜，至 10 月中下旬拉秧，一般可采收 5 茬瓜。提早定植、延迟拉秧的可采收 6 茬瓜。

（三）生产关键技术

1. 品种选择　选用蜜童或墨童无籽小西瓜品种。授粉品种选用花期、熟性、坐果性与墨童、蜜童无籽西瓜品种基本一致的二倍体品种超级授粉株。该品种是由国外引进的专用授粉品种，花期长、花粉量大、叶面积小，整体株型小，占地面积少，不影响无籽西瓜的栽培密度。

2. 培育壮苗　早春育苗需在日光温室中进行，要配有恒温箱设备或恒温催芽室设施，苗床采用电热线加温。农户自己育苗难

度较大，应到具备上述设备和良好温控条件的集约化育苗场育苗。一般自根苗苗龄30天左右，嫁接苗苗龄45天左右，达到2叶1心即可定植。应用自根苗的，为预防土传病害，不能重茬，每年需要更换地块种植。

(1)苗盘与基质准备　应用50穴育苗盘，基质选用育苗专用基质，草炭、蛭石按7∶3的比例混合，每立方米基质加50%多菌灵可湿性粉剂40克或30%多·福可湿性粉剂80克，磷酸二氢钾80克，尿素50克，充分混合均匀后装盘备用。育苗基质装至苗盘孔穴3/4为宜，把装好基质的苗盘淋湿淋透。

(2)自根育苗　根据定植日期，提前30天育苗。一般安排在2月中旬进行播种。

①种子破壳　蜜童和墨童均为包衣种子，干籽破壳。破壳工具采用消毒后的尖嘴小钳子。破壳时注意用力适度，不损伤种胚。

②播种　将破壳的西瓜种子直接平放播种在苗盘孔穴里，上覆1.5～2厘米厚的基质。

③恒温催芽　播种后，将苗盘放置在30℃～32℃(基质温度应在28℃～30℃)条件下恒温催芽48～72小时，并保持空气相对湿度90%～100%。种子顶土时若发现大部分种皮未脱落，“戴帽”出土，可再覆盖一层湿基质。当90%左右西瓜苗出土后，移入苗床。个别“戴帽”幼苗应及时摘掉未脱落的种皮。

④苗床管理　苗床上架设小拱棚，注意控制温度和湿度，保持白天28℃～30℃，夜间15℃～18℃，逐渐加大通风量，直至撤除。一般不旱不浇，如旱可在晴天中午小水喷淋，严禁浇大水，浇水后注意放风排湿。

⑤低温炼苗　幼苗2～3叶1心时即可定植。定植前5～7天开始进行低温炼苗，夜间最低温度逐渐下降至10℃，提高幼苗适应定植棚室环境条件的能力。定植前1天浇1次含钾肥的透水。

(3)嫁接育苗　砧木选用强根一号，该砧木品种杂交优势突出，嫁接后共生亲和力好，低温弱光下吸肥吸水能力强，抗枯萎病，重茬地可连作种植。嫁接后，对西瓜品质影响小，不影响坐瓜节位。根据定植日期，提前45天育苗，一般安排在1月下旬至2月初进行播种。

①播种　先播砧木种子，砧木提前浸种催芽，催芽温度30℃，80%种子露白后直接播种在50穴苗盘上。2～3天后播西瓜种子，西瓜种子处理同前述。将西瓜种子撒播在平盘上，播后恒温催芽与苗床管理同前述。

②嫁接　西瓜播后7天左右，砧木第一片真叶出现至展开，西瓜子叶刚展开至子叶展平为嫁接适期，采用顶插接法嫁接。操作方法参见第一章第二节全年一大茬黄瓜部分。

③嫁接后的管理　苗床加设小拱棚，嫁接后1～3天，密闭保湿保温，空气相对湿度保持95%以上，气温白天25℃～30℃，夜间20℃，地温18℃以上，拱棚搭遮阳网遮阴。嫁接后4～7天，小拱棚开始放风，风口由小到大，逐渐延长放风时间，直至撤掉小拱棚，空气相对湿度保持在85%～90%，气温白天30℃～32℃，夜间15℃以上，地温16℃以上，逐渐增加光照强度、光照时间。嫁接后8～12天，小拱棚不再遮阴，白天气温28℃～30℃，夜间13℃，地温15℃以上，空气相对湿度保持在80%～85%。嫁接苗成活后，及时剔除砧木新生萌芽。当嫁接苗苗龄45天左右、达到2～3叶1心时即可定植。定植前5～7天开始进行低温炼苗，炼苗管理同前述。

3. 定植前准备

(1)整地施肥　定植前清洁地块，用旋耕机深翻晒土。每667米^{2}备腐熟鸡粪2～3米^3，三元复合肥50千克。整地时，按每棚定植2行，棚内行距4.7米，定植行位置分别距棚边沿处1米，两中棚之间30～50厘米的定植行布局。将上述备好的肥料集中施入定植行下，施肥宽度以定植行为中心60～80厘米，深翻入土，平整土地起成龟背形垄，垄高15厘米，垄背宽25厘米，踩实垄

背。定植前3～4周，扣棚膜升温。扣棚膜时，注意在风口及门口处加设防虫网，防止害虫迁入。

(2)铺设滴灌带或微喷带　分别在定植行两侧铺设滴灌管道或微喷管道，内侧管道距定植行70厘米，外侧管道距定植行30厘米。定植前7天，进行浇地造墒。

(3)铺盖地膜　棚中间留70厘米走道，在两侧定植行上各铺一幅地膜，地膜幅宽3米或3.5米为宜。

4. 定　植

(1)定植日期确定　嫁接苗定植时，要求棚室内定植行处10厘米地温稳定在10℃以上。自根苗定植时，要求棚室内定植行处10厘米地温稳定在13℃以上。选择冷尾暖头、有连续晴天的上午定植。

(2)定植方法　在覆盖好地膜的定植行上，按株距40厘米挖定植孔穴，将幼苗栽入，随后覆土按实，使根坨与四周土壤密接，覆土厚度要盖过根坨基质1厘米，定植穴四周地膜处要用土壤压严。每667米^{2}定植400多株。

(3)授粉品种配置　按8∶1的比例配置授粉株，每隔8株种植1株授粉株，加种在蜜童西瓜或者墨童西瓜株间即可，每667米^{2}配置授粉株50株。

(4)加盖小拱棚　定植后定植行上面加盖宽60～80厘米、高50厘米左右的小拱棚。

5. 田间管理

(1)定植至第一茬西瓜开花坐住瓜　此阶段从3月中下旬至5月上中旬。管理目标是定植初期促进植株早扎根、快缓苗，缓苗后要蹲好苗，促根深扎，培育具有强大根系的健壮植株，促使植株坐瓜稳、坐瓜齐。

①环境调控　定植缓苗期，一般不放风，尽量保温，促进扎根缓苗。棚内白天气温保持在30℃～32℃，夜间小拱棚内不低于10℃。缓苗后进入发棵期，白天可揭开棚内的小拱棚，增加光照，

气温控制在25℃～28℃，超过32℃，适当放风。在保证温度的条件下，尽量降低棚内空气湿度，夜间盖好小拱棚，夜温不低于12℃。进入伸蔓期后，白天气温控制在28℃～30℃，随着外界气温逐渐升高与蔓的伸长，当棚内夜温稳定在15℃以上时，可撤掉小拱棚，白天逐渐加大放风量与放风时间。开花坐瓜期，白天气温控制在30℃，夜间不低于15℃。开花授粉期间，棚内湿度不宜过大，适当进行放风。

②肥水管理　底墒造得好，定植水浇充足的情况下，可不用浇缓苗水，直接进行控水蹲苗。如需浇水，利用膜下滴灌浇小水，避免浇大水降低地温沤根。瓜苗开始伸蔓时浇1次水，水要浇充足，应用水肥一体化技术，结合浇水追施高氮型(氮、磷、钾比例为25∶15∶10)的大量元素水溶肥，每667米^{2}用量掌握在6～8千克。以后直到结瓜前不再浇水。

③植株管理　在瓜蔓长出5片真叶时摘心，促发子蔓，以后随着子蔓抽生伸长及时进行理蔓整枝。采用三蔓整枝，选留3条生长相近的粗壮子蔓平行生长，其余子蔓及这3条子蔓上抽生的孙蔓全部摘除。

④授粉留瓜　选留每条子蔓的第三个雌花坐瓜，若第三个雌花不理想，选择第四个雌花。采用人工授粉，清晨7～9时，人工采集授粉株的雄花，用其雄蕊轻抹无籽西瓜雌花的柱头，看到柱头上有明显的黄色花粉即可，1朵雄花可授2～3朵雌花。授粉日期做好标记。每条蔓留1个瓜，每株留3个瓜。

⑤病虫害防控　重点控制蚜虫、红蜘蛛、粉虱等，具体措施详见第四章病虫害防控篇部分。

(2)第一茬西瓜坐住至采收　此阶段从5月中旬至6月上旬。应加强肥水管理和环境调控，促进果实膨大。

①环境调控　西瓜进入膨大期，要求高温管理，白天气温控制在30℃～32℃，超过35℃及时放风，夜温控制在15℃～18℃。瓜定个后进入成熟期，白天气温控制在35℃～38℃，尽量拉大昼

夜温差，提高果实品质。

②肥水管理　西瓜坐住后进入膨大期，果实迅速膨大，植株需水需肥量增大。此期应施2次膨瓜肥。第一次在西瓜坐住后（核桃大小，表面发亮），第二次间隔7～10天。每次结合浇水追施高钾型（氮、磷、钾比例为15：15：30）的大量元素水溶肥，每667米^{2}用量掌握在8～10千克，同时可适量增施钙镁硼肥，提高西瓜品质。以后根据植株长势和土壤湿度，适当再浇1～2次水，浇水要均匀，可叶面喷施0.3%磷酸二氢钾溶液补充钾肥。采收前7～10天，停止浇水。

③植株管理　第一茬瓜坐住后，及时摘除其他花和萌发的瓜蔓，减少养分消耗。西瓜定个（体积不再膨大）后，为使西瓜瓜面颜色一致，进行翻瓜，下午或傍晚进行，每隔3天翻1次，每次翻动角度不超过30°。与此同时，第一茬西瓜定个后，在采收前7～8天，选择三条子蔓上节位、花期相近的雌花授粉，选留第二茬瓜。第一茬瓜成熟，适时采收上市。

④病虫害防控　加强环境调控，注意通风排湿，出现病害及时防治。重点防控白粉病、炭疽病、蔓枯病等，具体措施详见第四章病虫害防控篇部分。

(3)第二茬西瓜及以后多茬西瓜的管理　从6月上中旬至10月中下旬，经历炎热夏季和后期温度降低光照变弱的10月份。应加强环境调控，前期防高温病害，后期加强保温，并通过合理肥水管理防植株早衰。

①环境调控　6月上中旬至9月上旬处于高温阶段，注意加强棚内通风降温排湿。棚内温度尽量不超过38℃。9月中旬以后，天气逐渐转凉，到10月中下旬拉秧，注意夜间保温。

②肥水管理　每茬瓜追施2次肥。第一次在上茬瓜采收完、当茬西瓜坐住后，第二次间隔7天左右，追肥种类与追肥量同第一茬瓜，也可增施优质有机质液肥，同时可适量增施钙镁硼锌肥等，提高西瓜品质。根据植株长势，可叶面喷施0.3%磷酸二氢钾

溶液，补充钾肥。高温期根据植株长势与土壤水分含量，适当掌握浇水次数和浇水量，浇水要均匀。每茬西瓜采收前7～8天停止浇水。下雨后注意棚室四周排水，避免雨水倒灌入棚室。

③植株管理　第二茬西瓜坐瓜后，一般不再整枝，放任子蔓、孙蔓生长，适当蔓长摘心。在每茬瓜采收前的7～8天，选择植株开放的雌花授粉，选留瓜形周正的幼瓜。根据品种及天气情况，一般每隔20～30天采收一茬瓜。

④病虫害防控　同前述。

二、早春甜椒—秋大白菜

（一）高效实例

该模式是20多年来河北省藁城市规模达1 667.5公顷的一种以甜椒为主的塑料中棚高效种植模式。早春甜椒每667米^{2}产量4 000千克左右，平均每千克售价2.5元，扣除种子、肥料、农药、棚膜等农资成本约3 500元，在不计人工和拱棚成本的情况下，产值约6 500元；大白菜每667米^{2}产量10 000千克左右，平均每千克售价0.3元，扣除种子、肥料、农药等农资成本约800元，在不计人工成本的情况下，产值约2 200元。两茬全年产值（不计人工和中棚折旧）约8 700元。

（二）茬口安排

中棚甜椒12月下旬于温室内育苗，翌年3月下旬定植，5月中旬开始采收，7月底采收完毕。大白菜于8月5日左右直播，11月上旬收获完毕。

（三）春甜椒生产关键技术

1. 品种选择　选用优质、抗病、耐寒、适宜中棚栽培的中早熟品种，如津福8、津福16等。

2. 培育壮苗　提倡到正规集约化育苗场购买优质商品苗。可根据定植时间，提前订购种苗，或自带种子委托苗厂育苗。若

自育秧苗，可参照以下技术要点。

(1)播前种子处理　先用温水浸种，再用10%磷酸三钠消毒浸泡20分钟，用清水冲洗3～4遍后，在浸种6～8小时后晾去水分，进行催芽。在25℃～30℃条件下催芽，每天用温水冲洗2遍，4～5天就能出芽，当有70%的种子发芽后即可播种。

(2)播种　可购买商品基质，采用50孔穴盘播种育苗，也可参照第一章第二节全年一大茬黄瓜育苗部分配制营养土，用10厘米×10厘米的营养钵播种育苗；还可先将种子撒播在播种畦内，之后再分苗到分苗畦内。为预防苗期病害，可于播种前配好药土，即每25千克苗床土加50%多菌灵可湿性粉剂10克混匀。当地温达到12℃以上时，选择在晴天的上午播种，穴盘或营养钵点播，每穴(钵)2～3粒发芽的种子。撒播的，每平方米播相当于干种子量15克催好芽的种子，苗床面积为10米^2。每平方米用上述药土25千克，下铺1/3，播后上盖2/3。在苗床上盖好地膜，提高地温。

(3)播后管理　播种后，提高温度，白天保持30℃左右，夜间不低于18℃。苗出齐后，上一次细土，以防裂缝失墒，白天温度20℃～25℃，夜间13℃～15℃。当幼苗长到2～3片真叶时，穴盘或营养钵点播的每穴(钵)留2株幼苗；撒播的按间距8厘米双株分栽到分苗畦里，或双株分栽到8厘米×8厘米的营养钵内。每种植667米^{2}需分苗床面积40～50米^2。分苗后遮阴保湿，并适当提高温度，促进缓苗。缓苗后温度白天保持20℃～25℃，夜间13℃～15℃。水分管理以适当控水防徒长为原则，见干见湿。浇水后注意放风排湿，空气相对湿度控制在60%～80%。后期可用0.2%磷酸二氢钾溶液进行叶面喷施。

3. 定植前准备

(1)施肥与整地　扣棚前，每667米^{2}基施腐熟有机肥5米^{3}以上，磷酸二铵50千克，硫酸钾20千克，硫酸锌1千克，深耕耙平，按等行距40厘米起垄。

(2)扣棚 3月15日左右扣棚，扣棚时南北棚要在东侧预留放风口、东西棚要在南面预留放风口，扣棚后把棚膜封严以提高地温。

4. 定植 定植前几天，苗床浇透水，分苗畦内浇水后2天割坨蹲苗。3月下旬，10厘米地温1周内稳定在12℃以上，最低气温稳定在5℃以上时定植。选择晴天上午，按行穴距40厘米×40厘米定植，定植时先浇水，水渗下一半时将苗坨放入，覆土。

5. 定植后的管理

(1)定植至门椒坐住 从3月下旬至4月下旬。此阶段管理目标是控上促下，促根下扎，蹲好秧苗。管理上要控制水分，中耕松土，提高地温，促根下扎，最后培土。

①温度调控 定植后，严密封棚5～7天，提高温度，棚内温度不超过32℃时不放风。缓苗后棚内白天保持25℃～28℃，夜间维持13℃～15℃。白天温度超过30℃要加大放风量，放风时从背风面揭开支起棚膜，风向不定或大风天气要随时注意防备大风揭膜，造成风闪苗。下午温度降至20℃时关闭放风口。4月上旬昼夜通风，最大量通风，但不撤膜，防止最后一次晚霜冻害。

②中耕除草 当地面不湿时，结合除草进行中耕3～4次，由浅到深。当苗长到30厘米时，要深锄1次，起到培土作用，以后不再中耕。

③肥水管理 不旱不浇水，及时补苗。当门椒长到樱桃大小时，开始追肥浇水，每667米^{2}随水施尿素15千克。

④病虫害防控 定植后3～5天可在棚内撒些毒饵诱杀蝼蛄。主要病虫害有疫病、青枯病、蝼蛄，防控措施详见第四章病虫害防控篇部分。

(2)门椒坐住至采收前 从4月下旬至5月中旬。此阶段外界气温和光照逐渐有利于甜椒生长。要加强肥水管理，培育壮秧，提高坐果率和果实品质。

①温度调控 5月5日前棚内白天保持25℃～28℃，夜间维

持 13℃～15℃，白天温度超过 30℃要加大放风量。5 月 5 日后选阴天傍晚揭去棚膜，以后就进入露地管理。

②肥水管理　5 月上旬当门椒长到乒乓球大小时，即进入果实迅速膨大时期。此期对水肥要求较大，每 667 米^2 随水施 15 千克尿素或 20 千克硝酸铵，过 1 周后再浇 1 遍清水，门椒开始采收。

③病虫害调控　此阶段甜椒易发生疫病、炭疽病、青枯病、蚜虫等，防控措施详见第四章病虫害防控篇部分。

(3)采收盛期　从 5 月中旬至 7 月下旬。此阶段进入了盛果期，进入了雨季，应采取综合措施，减少死秧病害发生，加强肥水供应，防止早衰。

①肥水管理　因为此期进入露地生长阶段，又到了雨季，要注意防涝，加设排水沟。进入盛果期，增加追肥浇水次数，每次采收后要结合浇水追肥，本着“少吃多餐”的原则，追肥随浇水隔次进行。每次每 667 米^2 追硝酸钾复合肥 10 千克，或腐殖酸型肥料 20 千克，或尿素 10 千克。若叶色变浅变黄，可于傍晚喷洒 5%尿素或 0.3%磷酸二氢钾溶液。

②病虫害调控　此阶段易发生的病虫害有疫病、青枯病、根腐病，即三大死秧病害，以及病毒病、蚜虫、棉铃虫、烟青虫、玉米除草剂危害等。玉米除草剂飘移危害，可用 1.8%复硝酚钠水剂 6 000 倍液加 50 毫克/千克赤霉素来缓解。病虫害防控措施详见第四章病虫害防控篇部分。

(四)大白菜生产关键技术

1. 品种选择　选择抗病、耐寒、高产且耐贮藏的中晚熟品种，当地主栽优良品种有北京新 3 号、丰抗 70、丰抗 80、太原二青等。

2. 整地和施肥　结合整地，每 667 米^2 施入腐熟农家肥 5 000～6 000 千克，三元复合肥 50 千克，按 50 厘米等行距起小高垄。

3. 播种　在 8 月 7～10 日播种，每 667 米^2 用种 150～250

克。按行距0.5米起小高垄，在高垄上开5～10厘米深的沟，先顺沟浇水，水渗透后将种子按株距0.3米（中熟品种）或0.4米（晚熟品种）撒播在沟内，每穴播4～5粒种子，盖0.8～1厘米厚的细土。

4. 田间管理

(1)苗期管理 从8月上旬至8月中旬。从播种出芽到具有7～8片叶，形成第一个叶序环（团棵）为幼苗期。此阶段一般年份正值高温干旱阶段，播种后要注意三水，播种当天一水，顶土一水，出齐苗一水。如果天气特殊，播后就遇到阴雨天，可以少浇或不浇，遇大雨则应注意排水防涝。出苗后3天进行1次间苗，4～5片真叶时第二次间苗，每穴留苗2～3株。间苗在下午进行，去掉病苗、弱苗和杂株。7～8片叶时结合间苗按株距要求定苗，发现缺苗及时进行补栽。间苗后应及时进行中耕培土，中耕时要先浅后深，注意不要伤根。苗期应根据气候和土壤墒情的具体状况，结合间苗、补苗、定苗浇4～5次水，如果有雨可少浇或不浇。结合浇水，追施1次提苗肥，每667米^{2}追施硫酸铵7.5千克。加强霜霉病、病毒病、黄曲条跳甲、蚜虫、菜青虫等的防控。

(2)莲座期 从8月中旬至9月上中旬。从第一个叶序环形成到开始包心前为莲座期。此阶段是大量长叶时期，既要注意肥水管理长好茎叶，又要在长好叶后蹲好苗，为包球做好准备。保持土壤见干见湿。在莲座期中期可浇1次大水，结合浇水可追施硫酸铵15～20千克，然后深中耕1次，再控水蹲苗10～15天。依然要加强霜霉病、病毒病、黄曲条跳甲、蚜虫、菜青虫等的防控。

(3)包心期 从9月中旬至11月上旬。此阶段是形成产量的关键时期，注意肥水供应，加强病虫害防控，争取产量及较高的品质。包心后要加强肥水管理，结合浇水追肥2次，第一次在寒露前，第二次在霜降前，每次每667米^{2}追施硫酸铵20～30千克。对包心程度略差的地块应适当加大追肥量。后期要停止追肥，以免大白菜徒长。要加强软腐病、黑腐病、黑斑病、干烧心等病害的防控。

5. 防冻与收获 为防霜冻,要及时捆扎。一般在收获前10~15天停止浇水,将莲座叶扶起,抱住叶球,然后用草将叶捆住。中晚熟品种尽量延长生长期,但要在立冬后小雪以前看天气及时收获。

三、秋冬芹菜—早春甘蓝—夏黄瓜

(一)高效实例

该模式是河北省永年县普遍应用的一种塑料中棚高效栽培模式。中棚跨度6~8米,后墙高1.2米,脊高1.6米,长30~50米,用竹木作拱架材料,冬季加盖草苫保温,可进行深冬叶菜类蔬菜生产。一般于10月下旬至11月初覆盖棚膜,11月底加盖草苫,翌年4月份夜温稳定在5℃以上时开始揭棚。芹菜每667米^{2}产量7 500千克左右,扣除种子、肥料、农药和棚膜等农资成本约1 500元,每667米^{2}产值约4 500元;甘蓝每667米^{2}产量4 000千克左右,扣除种子、肥料、农药等农资成本约1 500元,每667米^{2}产值约4 500元;黄瓜每667米^{2}产量7 500千克左右,扣除种子、肥料、农药等农资成本约2 000元,每667米^{2}产值约1.2万元。在不计人工和拱棚折旧的情况下,三茬合计产值约2.1万元。

(二)茬口安排

芹菜7月中下旬育苗,9月中旬定植,翌年1月底采收上市;甘蓝11月下旬育苗,翌年2月上旬定植,4月底以前采收完毕;黄瓜5月上旬定植,6月中下旬开始采收,9月上旬拉秧。

(三)秋冬芹菜生产关键技术

1. 品种选择 选用抗病、优质、高产的荷兰帝王西芹、文图拉等品种。

2. 穴盘育苗 7月中下旬利用大棚加遮阴覆盖育苗,采用72孔穴盘点播,基质配比为废菇料∶蛭石=2∶1(V∶V),每立方米基质加入鸡粪 4 千克和氮、磷、钾比例为 15∶15∶15 的复合肥 2.5 千克，50%多菌灵可湿性粉剂 300 克，对水 100 升与基质搅拌，盖膜高温灭菌 5 天后装盘。

将芹菜种子用凉水浸种 16 小时左右，搓洗干净，用湿布包好，置于 15℃～20℃条件下催芽，每天用凉水清洗 1 次。4～5 天后，有 60%的种子萌芽时，即可播种。

播种前将装有基质的穴盘喷水，以喷水后穴盘下方小孔有水渗出为宜。播种后在穴盘上用新地膜覆盖，四周压实，以保持基质湿度和温度。温度保持白天 26℃～28℃，夜间 21℃左右。50%～60%种芽顶膜时逐步揭去薄膜。

壮苗标准：苗高 15 厘米左右，5 片真叶，根系发达，须根多，根色白、粗壮。叶色浓绿，茎秆粗，无徒长，无病虫害，苗龄 60～70 天。

3. 定植前准备

(1)棚室消毒 参照第一章第二节全年一大茬黄瓜部分。

(2)施肥整地 在中等肥力条件下，结合整地每 667 米^2 施优质有机肥 5 000 千克，磷肥(P_2O_5)4 千克(折合过磷酸钙 33 千克)，钾肥(K_2O)7 千克(折合硫酸钾 14 千克)，耙后做平畦。

4. 定植 9 月中旬定植，株行距为 23 厘米×28 厘米，每 667 米^2 定植 10 000 株左右。在畦内按行距要求开沟穴栽，每穴 1 株，培土以埋住短缩茎露出新叶为宜，边栽边封沟平畦，随地浇水。

5. 定植后管理 定植后隔 1 天浇水 1 次，连续浇水 3 次，缓苗后于 9 月下旬视生长情况蹲苗 7～10 天，之后每隔 7～10 天浇水 1 次。结合浇水施肥 2～3 次，每次每 667 米^2 施钾肥 15 千克。10 月中旬扣棚膜，扣棚膜后要注意温度管理，前期注意放风降温，以防烧苗，后期以保温为主，11 月中旬加盖草苫，保持白天18℃～22℃，夜间 10℃左右。收获前 20 天每 667 米^2 用赤霉素 1.5 克对水 30 升喷施，以提高品质。主要病害为斑枯病和叶斑病，可参照第四章病虫害防控篇部分加强防控。

(四)早春甘蓝生产关键技术

1. 品种选择 选用抗病、早熟、耐抽薹的四季39、8398、中甘11号、冬盛、庆丰等品种。

2. 穴盘育苗 早春甘蓝11月下旬至12月上旬播种，采用穴盘基质育苗。

(1)种子处理 播前晾晒种子，用50℃温水浸种20分钟进行种子消毒，然后在常温下继续浸种3～4小时。每100克种子用1.5克漂白粉(有效成分)，加少量水，将种子拌匀，置容器内密闭16小时后播种预防黑腐病、黑斑病。用种子重量0.3%的47%春雷·王铜可湿性粉剂拌种预防黑腐病。将浸好的种子捞出洗净稍加风干后用湿布包好，放在20℃～25℃条件下催芽，每天用清水冲洗1次，当20%种子萌芽时，即可播种。

(2)播种及播后管理 基质配比、装盘、播种同芹菜。播种至出苗，应保持较高的温度，以利于出苗，幼苗出土前白天保持20℃～25℃，夜间保持15℃。50%～60%种芽顶膜时逐步揭去薄膜，白天温度为18℃～23℃，夜间10℃～13℃，以防低温春化而未熟先抽薹。

(3)壮苗标准 秧苗矮壮，叶丛紧凑，节间短，不徒长，具有6～8片真叶，叶深绿色，叶片表面有蜡粉，根系发达。一般冷床育苗需要60～70天。

3. 定植前准备 在中等肥力条件下，结合整地每667米^{2}施优质有机肥(以优质腐熟猪厩肥为例)5 000千克，氮肥(N)4千克(折合尿素8.7千克)，磷肥(P_2O_5)5千克(折合过磷酸钙42千克)，钾肥(K_2O)4千克(折合硫酸钾8千克)。做成平畦，畦宽1.6米。

4. 定植 早春2月上旬定植，每畦种植4行，株行距40厘米×40厘米，按株距40厘米开沟，坐水栽苗，覆土后立即浇水。采用地膜覆盖的挖穴坐水栽苗。结合浇定植水时，可用磷酸二氢钾 1 000 倍液加保得生物液肥 1 000 倍液灌根，促生根保苗，苗匀苗壮。

5. 定植后管理

(1)缓苗期 定植后 4～5 天浇缓苗水，随后中耕结合培土 1～2 次。要增温保温，适宜的温度白天 20℃～22℃，夜间 10℃～12℃，通过加盖草苫，内设小拱棚等措施保温。参照第四章病虫害防控篇部分，重点防控霜霉病、黑斑病、黑腐病等病害以及蚜虫、菜青虫、小菜蛾等虫害。

(2)莲座期 第二和第三个叶序环形成期为莲座期。进入莲座期，应结合浇水每 667 米^2 追施氮肥(N)5 千克(折合尿素 10.9 千克)，然后控水蹲苗 10 天左右。莲座期白天 18℃～20℃，夜间 10℃～12℃。病虫害防控同前述。

(3)结球期 开始包心后结合浇水追施氮肥(N)3 千克(折合尿素 6.5 千克)，钾肥(K_2O)2 千克(折合硫酸钾 4 千克)，之后保持土壤湿润。结球后期控制浇水次数和水量，以免裂球。注意浇水后要放风排湿，白天 18℃～20℃，夜间 10℃左右。一般在 4 月上旬揭掉棚膜，4 月底以前采收完毕。病虫害防控同前述。

(五)夏黄瓜生产关键技术

1. 品种选择 选用雌花节位低、抗病、耐高温的冀绿 4 号、津春 3 号、中农 13 号等品种。

2. 培育壮苗 采用穴盘基质育苗，基质可用商品基质，也可参照前述芹菜育苗中应用的废菇料和蛭石为主要成分的基质。浸种催芽参照第一章第二节全年一大茬黄瓜进行。种子"露白尖"时，把种子放在 0℃～2℃条件下催芽 1～2 天。其他参照第一章第二节全年一大茬黄瓜。

3. 定植前准备

(1)施肥整地 中等肥力条件下，结合整地，每 667 米^2 施优质有机肥(以优质腐熟猪厩肥为例)5 000 千克，氮肥(N)4 千克

(折合尿素 8.7 千克),磷肥(P_2O_5)6 千克(折合过磷酸钙 50 千克),钾肥(K_2O)3 千克(折合硫酸钾 6 千克)。按沟宽 80～90 厘米、垄宽50～60 厘米做垄,垄高 7～12 厘米做高垄畦。

(2)棚室防虫消毒 参照第一章第二节全年一大茬黄瓜部分用硫磺、敌敌畏熏蒸法进行消毒。在通风口用 20～30 目尼龙网纱密封,阻止蚜虫迁入。铺设银灰膜驱避蚜虫,地面铺银灰色地膜,或将银灰膜剪成 10～15 厘米宽的膜条,挂在棚室放风口处。

4. 定植 黄瓜 5 月上旬定植,每垄定植 2 行黄瓜,于垄上按株距 25 厘米挖穴坐水栽苗,每 667 米^2 栽苗 3 500～4 400 株。

5. 田间管理

(1)环境调控 参照第一章第二节全年一大茬黄瓜进行。

(2)肥水管理 定植后浇 1 次缓苗水,不旱不浇水。当 50%以上植株根瓜长到 10 厘米以上时开始浇水追肥,每 667 米^2 施三元复合肥 20～30 千克。摘根瓜后进入结瓜期和盛瓜期需水量增加,要因季节、长势、天气等因素调整浇水时间间隔,每次浇小水,并在晴天上午进行,可用膜下滴灌。结瓜初期隔 2 次水追 1 次肥,结瓜盛期可隔 1 次水追 1 次肥,每次追施氮肥(N)2～3 千克(折合尿素 4.3～6.5 千克),生长中期追施钾肥(K_2O)4 千克(折合硫酸钾 8 千克)。结瓜盛期用 0.3%～0.5%磷酸二氢钾和 0.5%～1%尿素溶液,叶面喷施 2～3 次。

(3)植株管理 株高 25 厘米甩蔓时要用竹竿搭架或拉绳绕蔓。根瓜要及时采摘以免坠秧,蔓长到顶部应摘心促生回头瓜。参照第四章病虫害防控篇部分,重点防控霜霉病、炭疽病、白粉病、疫病、枯萎病、蔓枯病、菌核病、病毒病等病害以及蚜虫、粉虱、茶黄螨、美洲斑潜蝇等虫害。

四、莴苣—青花菜—芥蓝—樱桃萝卜

(一)高效实例

该模式是河北省邯郸市永年县大面积应用的一种塑料中棚

高效生产模式。中棚结构同本章第二节秋冬芹菜—早春甘蓝—夏黄瓜模式。莴苣每667米^{2}产量4 000千克左右，扣除种子、肥料、农药、棚膜等农资成本约2 000元，每667米^{2}产值约3 000元；青花菜每667米^{2}产量5 000千克左右，扣除种子、肥料、农药等农资成本约1 000元，每667米^{2}产值约5 000元；芥蓝每667米^{2}产量3 000千克左右，扣除种子、肥料、农药等农资成本约500元，每667米^{2}产值约4 000元；樱桃萝卜每667米^{2}产量2 000千克左右，扣除种子、肥料、农药等农资成本约500元，每667米^{2}产值约5 000元。在不计人工成本和拱棚折旧的情况下，四茬合计产值约1.7万元。

（二）茬口安排

莴苣9月15～20日定植，12月份至翌年1月份收获；青花菜2月份定植，4月中旬采收主花球，5月初采收侧花球；芥蓝5月中旬采用穴盘育苗，7月份当主薹高30～40厘米、薹粗、花蕾大而未开放时采收。采收时要在基部留4～5片叶，加强肥水管理，15～20天后采收侧花薹，8月中旬收获完毕；8月上中旬芥蓝收获后及时整地播种樱桃萝卜，25天后可收获。

（三）莴苣生产关键技术

1. 品种选择 莴苣选用大湖659、绿湖等品种。

2. 育苗 莴苣育苗时间为8月上中旬，每667米^{2}用种量30克。播种前每25克种子用一块纱布包好，置于40℃～50℃温水中烫种15分钟左右，然后用25℃清水淘洗干净，再用75%百菌清可湿性粉剂拌种，置于20℃条件下催芽，70%种子露出芽时即可播种。

床土用3年内未种过棉花和菊科作物的园土7份与优质腐熟有机肥3份混匀；50%多菌灵可湿性粉剂与50%福美双可湿性粉剂按1∶1混合，按1米^{3}床土用药8～10克与15～30千克细土拌匀，2/3铺地苗床，1/3盖在种子上。播种方式采用撒播，播

种后搭小拱棚，遮阴降温，白天温度20℃～25℃，夜间8℃～10℃为好。幼苗2叶1心时间苗，间苗后可结合浇小水每667米^{2}冲施磷酸二氢钾5～8千克。4叶1心时定植，定植前6～7天开始炼苗。

3. 定植前准备　9月上旬施肥整地，每667米^{2}施用腐熟优质有机肥3 000千克，过磷酸钙50千克，三元复合肥40千克，深翻20厘米，使土壤与肥料充分混匀，按40厘米起小高垄，垄高12～13厘米。可参照第一章第二节全年一大茬黄瓜部分进行拱棚的熏蒸消毒。

4. 定植　9月15～20日定植，定植最好选在阴天或下午3时后。起苗时尽量多带床土，少伤根系。选择生长健壮、株矮、叶多、叶色正常、无病虫害的苗。大小苗要分别栽植，按行距40厘米、株距30厘米开穴栽苗，每667米^{2}定植5 500株左右。定植深度以不埋茎的生长点为准，定植后沟内浇定植水。

5. 田间管理

(1)温度管理　莴苣生长适宜温度18℃～20℃，温度过高、湿度过大会造成生长发育加快，茎部膨大。拱棚覆盖棚膜时间一般为11月初，扣棚后前期要加大放风量，以防温度过高。11月底加盖草苫，以保温为主。

(2)肥水管理　定植缓苗后，结合浇水每667米^{2}追施尿素8千克，以后每隔15天左右追肥1次，每667米^{2}追施尿素15千克，浇水后要进行中耕松土保墒。莲座后期要保持地面湿润。每次灌水时水要低于畦面，避免莴苣基部湿度过大诱发病害。

(3)病虫害防控　生长期虫害以甜菜夜蛾和菜青虫为主，病害有锈病、白粉病、霜霉病、褐斑病、黑斑病、灰霉病、菌核病、茎腐病等，具体措施可参照第四章病虫害防控篇部分。

(四)青花菜生产关键技术

1. 品种选择　青花菜品种选用绿岭、碧绿。

2. 培育秧苗 12月下旬在日光温室内播种育苗，苗龄40～50天。

(1)种子处理 每种植667米^{2}播种量为20～25克。可用45%代森铵水剂300倍液浸种15～20分钟，冲洗后晾干播种，或用琥胶肥酸铜可湿性粉剂按种子重的0.4%拌种，预防苗期黑腐病的发生。

(2)穴盘育苗 选择72孔塑料穴盘，基质按泥炭土、珍珠岩、蛭石体积比3∶1∶1均匀混配，并用50%多菌灵可湿性粉剂按每立方米基质500克的量拌入，装盘后喷透水。在装好基质的穴盘用手指或工具压穴，深度为0.5厘米左右。每穴播1粒种子，播后覆盖0.5厘米厚的基质料，加盖地膜增温、保湿。白天适宜温度20℃～25℃，夜间温度10℃～15℃。出苗后白天15℃～20℃，夜间8℃～10℃。视秧苗长势应用0.1%～0.3%尿素和0.1%～0.3%磷酸二氢钾溶液进行根外追肥。定植前5～7天逐渐加大放风量，低温炼苗。

(3)壮苗标准 秧苗达到5～6片真叶，茎节粗短，叶色浓绿，根系发达，无病虫害。

3. 定植前准备 青花菜适宜在土质疏松肥沃、有机质含量高、保水保肥力强的壤土或沙壤土上种植，与非十字花科蔬菜的土地轮作，以减轻土传病害。尽量远离烟囱和多尘埃区，避免影响花蕾。移栽前15天左右翻耕，每667米^{2}基施腐熟农家肥1000千克，钙镁磷肥75千克，硫酸钾型复合肥20～25千克，硼砂(纯度高的)2千克。撒施后整地，做成小高畦定植，畦宽60厘米，高12～13厘米，两高畦间距40厘米。

4. 定植 幼苗于4～5片真叶时移栽，行株距50厘米×40厘米，在每个小高畦的两侧定植，每667米^{2}栽苗3000多株。移栽方式采用穴栽。移栽时采用边起苗，边移栽，边浇定根水。定根水可用75%敌磺钠可溶性粉剂800倍液，起到促进生长和防病双重作用，移栽后早、晚要连续浇缓苗水3～4天。

5. 田间管理

(1)环境调控　青花菜不耐热，定植温度控制在20℃～25℃。3月后随气温升高，要掌握好放风降温，进入4月份，当外界气温稳定在20℃以上时开始揭棚，进行露地生产。

(2)浇水施肥　缓苗成活后适当控水，促进根系深扎，之后保持土壤见干见湿，结球期间要保持土壤湿润，中后期需水量大，由于水分蒸发快，一般2～3天浇1次透水，同时防止田间积水引起烂根。除施足基肥外，追肥分3～4次进行。第一次在定植缓苗后10～15天，可用腐熟农家肥浇施；第二次在第一次施肥后15天左右，每667米^{2}施尿素35千克加氯化钾7.5千克；定植后40天约10%植株现蕾时，每667米^{2}施45%三元复合肥30千克，加氯化钾10千克，花球膨大期用0.5%～1%硼砂溶液和钼酸溶液根外喷施2～3次，以提高花球质量。

(3)中耕培土　在封垄前要中耕培土1～2次，结合中耕及时清除杂草，防止土壤板结，培土可防止植株生长后期倒伏。封垄后不再松土。

(4)病虫害防控　主要病虫害有猝倒病、立枯病、黑斑病、霜霉病及蚜虫、菜青虫、菜蛾、黄条跳甲、甘蓝夜蛾等，具体措施可参照第四章病虫害防控篇部分。

(五)芥蓝生产关键技术

1. 品种选择　芥蓝品种选用中花芥蓝、荷塘芥蓝、皱叶迟芥蓝等。

2. 育苗　芥蓝5月中旬采用穴盘育苗。

(1)种子处理　将种子用清水浸泡2～3小时后，再用1%高锰酸钾或1%硫酸铜溶液将种子浸泡5～10分钟，然后取出洗净晾干。

(2)穴盘基质　采用商品基质和72孔穴盘，装盘后浇透水，用另一穴盘的底部在穴盘面上压一下，形成一个0.5厘米的凹穴。

(3)播种及播后管理 每穴播1粒种子，播种完成后，用蛭石覆盖，水平尺赶平。播后温度白天25℃～30℃；苗期白天以20℃为宜，夜间不低于15℃。芥蓝苗期不耐高温，要做好防热工作。期间可视苗情追施速效氮肥如尿素或硫酸铵2～3次，每次每667米^{2}用量10～15千克。还要保持穴盘湿润，苗龄20天左右，待幼苗长至4叶1心时即可移栽。

3. 定植前准备 青花菜收获后及时清除残株和杂草，每667米^{2}施用腐熟优质有机肥2 500～3 000千克，并撒施过磷酸钙50千克，硫酸钾50千克。深翻耙平，做成1.5米宽的平畦，然后按30厘米行距开定植沟。

4. 定植 宜选晴天下午3时以后进行定植，行株距20厘米×20厘米。采用坐水移栽方法，即先放水再栽苗的方法，将苗移栽后，待明水渗下后向茎基部培土。

5. 田间管理

(1)科学浇水 芥蓝根系分布浅，不耐干旱，喜欢湿润的土壤条件，定植后及时浇水，缓苗期间要注意水分管理，既要保持湿润，又不能过湿，防止烂根。一般情况下每隔6～7天浇1次水，如气温高，干旱，蒸发量大，需每隔3～4天浇1次水，保持土壤湿润即可。进入花薹形成期和采收期，要增加浇水次数和浇水量，经常保持土壤湿润。芥蓝叶色鲜绿、油润，蜡质较少，缺水时叶小，颜色暗淡，蜡粉多，每次浇水后应及时中耕保墒。

(2)合理施肥 栽苗后6～7天，结合缓苗水在株间每667米^{2}撒施三元复合肥20～30千克，在抽薹初期结合浇水追加1次三元复合肥20～30千克，在大部分主薹采收后再结合浇水追加1次三元复合肥20～30千克。

(3)中耕除草 芥蓝前期生长较慢，定植后10～15天，根系逐渐恢复生长，但植株较小，株行间易生杂草，雨后土面又易板结，所以要及时进行中耕除草。随着植株的生长，茎由细变粗，基部较细，上部较粗，头重脚轻，植株易倒斜或折断，要结合中耕进

行培土。

(4)病虫害防控　注意防控软腐病、菌核病等病害以及蚜虫和菜青虫等虫害,具体措施可参照第四章病虫害防控篇部分。

(六)樱桃萝卜生产关键技术

1. 品种选择　选用红元、白元、京彩一号等品质好、生长速度快的品种。

2. 播种前准备　播种前10～15天整地施肥,每667米^{2}施腐熟有机肥2 000千克左右。要求深耕晒土,土壤细碎平整,施肥均匀,晒土可促进土壤中有效养分和有益微生物的增加,蓄水保肥,有利于根系吸收养分及水分。一般采用平畦栽培,畦宽1米;也可采用小高垄栽培,畦沟宽20厘米,垄高10厘米。

3. 播种　一般选晴暖天气的上午播种,气温稳定在12℃以上时即可播种。注意选择品种纯正、粒大饱满的新种子,可干籽直播,也可浸种催芽后播种。每667米^{2}播种量500～600克,按行距10～15厘米、株距3～4厘米开沟,沟深1厘米左右,播前先在沟内浇足底水,水渗下后沟内撒播或穴播。穴播每穴2～3粒种子,播后覆土厚1厘米左右,轻轻镇压。

4. 田间管理

(1)间苗定苗　樱桃萝卜的种植密度不宜过大,否则会导致植株之间相互遮挡,致使接受的光照不足,叶柄变长,叶色淡,下部叶片黄化脱落,长势弱,肉质根不易膨大。因此,在第一片真叶展开时进行第一次间苗,拔除弱苗、病苗,留子叶正常生长健壮的壮苗,以后适时间苗,在4片真叶时进行定苗。撒播的保持株距3～4厘米,穴播的每穴留1棵健壮植株。

(2)科学浇水　樱桃萝卜生育期短且生长迅速,播种后要注意小水勤浇,保证整个生育期内土壤湿润即可,一般间隔4～5天浇水1次,土壤相对含水量70%为宜,浇水要轻以防将直根冲走形。

(3)合理施肥 在施足基肥的基础上樱桃萝卜生长期需肥不多,应根据生长情况叶面追施速效肥2～3次。2片叶时第一次追肥,每667米^{2}施尿素100克,对水50升;4片叶时第二次追肥,每667米^{2}施尿素100克+氯化钾50千克,对水50升;以后根据生长情况掌握时机进行叶面追肥。

(4)中耕除草 为避免杂草与植株争夺养分、水分,结合施肥、浇水进行中耕除草。保持土层疏松透气,增加微生物的活动,集中养分对植株供给,促进萝卜根系对营养成分的吸收。因此,应经常保持土面疏松,防止土壤板结。

(5)病虫害防控 主要病害有黑斑病、软腐病等,主要虫害有蚜虫、菜青虫、潜叶蝇等,具体措施可参照第四章病虫害防控篇部分。

五、早春白萝卜—夏黄瓜—秋芫荽

(一)高效实例

该模式是在河北省邯郸市永年县大面积应用的一种塑料中棚高效生产模式。中棚结构同秋冬芹菜—早春甘蓝—夏黄瓜高效实例。白萝卜每667米^{2}产量6 000千克左右,扣除种子、肥料、农药和棚膜等农资成本约1 500元,每667米^{2}产值约3 500元;黄瓜每667米^{2}产量5 000千克左右,扣除种子、肥料、农药等农资成本约2 000元,每667米^{2}产值约1.3万元;芫荽每667米^{2}产量1 000千克左右,扣除种子、肥料、农药等农资成本约1 000元,每667米^{2}产值约3 000元。不计人工成本和棚架折旧的情况下,三茬合计年产值2万元左右。

(二)茬口安排

白萝卜2月上旬播种,5月中旬萝卜长到500克左右时即可分批上市;黄瓜5月下旬定植,7月份分批收获上市;芫荽8月中下旬定植,株高20厘米以上即可收获上市。

(三)白萝卜生产关键技术

1. 品种选择　白萝卜品种选择不易抽薹、生长快、品质好的韩国白玉春。

2. 播种前准备　选择沙壤土地块，结合清洁田园，每667米^{2}施入腐熟农家肥2 000千克，高效复混肥40千克，草木灰100千克及适量的生物钾肥，并且混入过磷酸钙25千克，深翻30厘米，做小高垄。垄距45厘米，垄高15厘米。密闭棚室，提高地温。

3. 播种　白萝卜播种可干籽直播，也可催芽播种。催芽播种选品种纯正、粒大饱满的新种子在45℃～50℃温水中预先浸泡，浸泡捞出后用纱布包好置于20℃左右的条件下催芽，幼根突破种皮时即可播种。

播种时期于2月上旬，选晴暖天气的上午进行，播种时垄上按株距25厘米开穴，开穴后先倒水，待水渗后播种，每穴播2～3粒，播后覆土厚1.5～2厘米。每667米^{2}保苗株数约9 000株。

4. 田间管理

(1)环境调控　播后以保温、保湿为主，出苗期间不放风，白天温度保持在25℃以上，5～7天即可出苗。出苗后及时中耕松土，提高地温，促苗早发，白天温度控制在20℃～25℃，夜间控制在15℃～20℃。出苗后注意通风换气，降低棚内湿度。进入3月份气温升高，要逐渐加大放风量。4月份后当外界气温稳定在20℃以上时及时撤膜。

(2)间苗定苗　间苗应该尽早，如果间苗过晚可能会导致萝卜幼苗不能健康生长，当苗长到2片真叶时，及时间掉多余的小苗、弱苗，进行定苗，每穴留1棵健壮植株。

(3)合理施肥　施足基肥的情况下，土壤中的肥料能满足萝卜生长的需要，不必再进行追肥，但如果出现叶面发黄等生长问题可适当叶面追肥，确保萝卜的健康生长。

(4)科学浇水　发芽期充分浇水，土壤相对含水量在80%以上，以保证出苗快而齐。幼苗期根浅水少，但必须保证供应，土壤相对含水量60%左右，掌握少浇勤浇的原则。在破土前要蹲苗以便使直根下扎。叶生长盛期需水较多要适量灌溉，但在后期要适当控水，防叶片徒长影响肉质根生长。根生长盛期应充分均匀浇水，以防裂根，土壤相对湿度以维持在70%～80%，空气相对湿度以80%～90%为宜。直到生长后期仍需浇水，以防空心。

(5)中耕、除草与培土 由于白萝卜生长要求土壤中空气含量高，必须保持土壤疏松，适时进行中耕，结合中耕除草，中耕时必须培土，生产中一般把中耕、除草、培土三项工作结合起来进行。

(6)病虫害防控 主要病害有黑腐病、霜霉病、病毒病等，害虫主要有蚜虫、菜青虫等。

(四)黄瓜栽培关键技术

选择雌花节位低、抗病、丰产的津优4号，关键技术详见本章第二节秋冬芹菜—早春甘蓝—夏黄瓜中的夏黄瓜部分。

(五)芫荽生产关键技术

1. 品种选择 芫荽选用优质品种大叶香菜。

2. 播 种

(1)种子处理 芫荽种子外壳坚硬，播种前可先将球果搓开，用纱布包好，置于40℃～50℃温水中烫种2小时，再以25℃清水泡种3小时，用清水投洗种子后沥至半干。置于20℃条件下催芽，每天翻动2次，以防芽干，70%露白尖时即可播种。

(2)整地施肥 每667米^{2}施用腐熟优质有机肥3 000千克，过磷酸钙50千克，三元复合肥40千克，深翻20～30厘米，使土壤与肥料充分混匀。整平整细后做畦，畦面宽1～1.5米。

(3)播种 采用条播或撒播，条播按行距8～10厘米开沟，沟深2厘米，播后覆土镇压浇水。撒播畦面先浇水沉实，水渗后均匀撒播覆土厚1.5～2厘米。每667米^{2}用种4～5千克。播后要保持土壤湿润，以利出苗。遇到干旱少雨天气时，应及时浇水或

用喷雾器在畦面喷淋清水。雨后及时排水以防涝害。

3. 田间管理

(1)中耕除草　整个生长期中耕、松土、除草2～3次。第一次多在幼苗顶土时，用轻型手扒锄或小耙子进行轻度破土皮松土，消除板结层。同时，拔除出土的杂草，以利幼苗出土生长。第二次于苗高2～3厘米时进行，而条播的可用小平锄适当深松土，结合拔除杂草。第三次是在苗高5～7厘米时进行。期间，当幼苗长到3厘米左右时进行间苗、定苗，使苗间距2～3厘米。待叶部封严地面后，不再中耕松土，但要注意拔除杂草。

(2)温度管理　气温低于12℃时及时扣棚膜，温度达到20℃开始放风，白天维持15℃～20℃，夜间不低于10℃。进入12月份要盖草苫保温，防止冻害发生。

(3)肥水管理　芫荽不耐旱，须每隔5～7天轻浇1次水，基本在全株生育期，要浇水5～7次，以保持土壤经常湿润。生育中期每667米^{2}追施尿素10千克左右，以保证生长良好。

(4)病虫害防治　芫荽主要病害有菌核病、叶斑病、斑枯病和根腐病，应注意加强防控，措施详见第四章病虫害防控篇部分。

六、早春甘蓝—夏秋大葱—油菜(油麦菜、茼蒿、芫荽、茴香)

(一)高效实例

该模式是在河北省邯郸市永年县大面积应用的一种塑料中棚高效栽培模式。塑料中棚结构同秋冬芹菜—早春甘蓝—夏黄瓜高效实例。甘蓝每667米^{2}产量4000千克左右，扣除种子、肥料、农药和棚膜等农资成本约2500元，每667米^{2}产值约3000元；大葱每667米^{2}产量5000千克左右，扣除种子、肥料、农药等农资成本约500元，每667米^{2}产值约8000元；油菜等叶菜类每667米^{2}产量1500千克左右，扣除种子、肥料、农药等农资成本约

400元，每667米^{2}产值约3000元。在不计人工和拱棚折旧的情况下，三茬合计产值1.4万元左右。

（二）茬口安排

甘蓝12月上旬在日光温室内育苗，翌年1月底至2月初选晴天进行定植。4月上中旬，当甘蓝叶球充分长大即可采收，也可以根据市场行情适时早收。甘蓝收获后及时整地，大葱在4月下旬定植，9月上旬以后即可收获上市。油菜（油麦菜、茼蒿、芫荽、茴香）9月上旬播种，11月中下旬收获。

（三）早春甘蓝生产关键技术

选用抗病、早熟、耐抽薹品种，如四季39、精选8132。此茬早春甘蓝只是比本章第二节塑料中棚秋冬芹菜—早春甘蓝—夏黄瓜栽培模式中的早春甘蓝定植期稍早，定植密度依品种也可大些，行株距33～40厘米见方，每667米^{2}定植4000～6000株。其他同本章第二节秋冬芹菜—早春甘蓝—夏黄瓜中的早春甘蓝。

（四）夏大葱生产关键技术

1. 品种选择 选用抗病、生长快、品质好、产量高的品种，如章丘大葱、隆尧大葱等。

2. 培育秧苗 播种期为上年的10月上旬。育苗床选择地势平坦、排灌方便、土质肥沃、行走便利且近3年未种过葱蒜类蔬菜的地块，结合整地每667米^{2}施腐熟有机肥7500千克，磷酸二铵30千克。施肥后浅耕细耙，整平做畦。

播前种子用凉水浸种搅拌20～30分钟，或用0.2%高锰酸钾溶液浸种20～30分钟，捞出洗净晾干后待播种。苗床浇足底水，水渗后将种子均匀撒播于床面，再覆盖细土0.8～1厘米厚，播种后出苗前，每667米^{2}用33%二甲戊灵乳油150克，对水40升混匀喷洒育苗床面，以控制杂草。

播种后可覆盖地膜，保温保湿，幼苗出土后及时撤膜。随着天气变暖，应加强水分管理，保持土壤湿润，结合浇水每667米^2

追施氮肥(N)4 千克(折合尿素 8.7 千克),及时间苗和除草。年前生长期间一般浇水 1～2 次,土壤即将封冻前浇冻水,冻水后及时覆盖 3～5 厘米厚的碎草和麦秸防冻。翌年 3 月上旬返青后除去覆盖物,结合浇返青水每 667 米^2 追施有效氮(N)4 千克(折合尿素 8.7 千克)。及时间苗和除草,株高 35 厘米时进行控水蹲苗。

壮苗标准:株高 30～40 厘米,6～7 片叶,茎粗 1～1.5 厘米,无分蘖,无病虫害。

3. 定植前准备 中等肥力条件下,结合整地每 667 米^2 撒施腐熟有机肥 4 000 千克,氮肥(N)3 千克(折合尿素 6.5 千克),磷肥(P_2O_5)5 千克(折合过磷酸钙 42 千克),钾肥(K_2O)5 千克(折合硫酸钾 10 千克)。以含硫肥料为好。定植前按行距 60～80 厘米开沟,沟深 30 厘米,沟内再集中施用磷、钾肥,刨松沟底,使肥土混合均匀。

4. 定植 每 667 米^2 定植 12 000～20 000 株,行距 60～80 厘米,株距 5～7 厘米。葱苗要分级,按大苗、中苗、小苗分开定植。大苗间距 7 厘米,小苗间距 5 厘米。采用干插法,即在开好的葱沟内,沿沟的一侧竖排葱苗,将葱苗基部插入沟底松土内,埋土深度以不埋住五杈股为宜,两边压实后再浇水。

5. 田间管理 5 月中旬定植缓苗后到立秋前,一般不浇水,以促根下扎为重点,可采取中耕除草、松土保墒等措施,雨后要及时排出田间积水。

进入 8 月份,大葱开始旺盛生长,此后要保持土壤湿润,逐渐增加浇水次数和浇水量,一般每 10～15 天浇 1 次水,收获前 7～10 天停止浇水。追肥以尿素、硫酸铵为主,结合浇水追 2～3 次肥,分别追施有效氮(N)4 千克(折合尿素 8.7 千克)。生长过程中后期还可用 0.5%磷酸二氢钾溶液等进行叶面喷肥。为软化葱白,防止倒伏,追肥浇水后,要进行 3～4 次培土,每次 7～10 厘米厚,以不埋住心叶为标准,最后将定植沟填平,形成小高垄。

大葱病害主要有霜霉病、锈病、紫斑病、黑斑病、灰霉病、白腐病、黄矮病，虫害主要有种蝇、葱斑潜蝇和甜菜夜蛾等，可参照第四章病虫害防控篇部分加强防控。

9月上中旬可根据市场行情陆续收获上市，也可于11月份外叶停止生长、叶色变黄绿时收获作为冬储大葱。

（五）秋冬油菜生产关键技术

此茬也可为油麦菜、茼蒿、芫荽、茴香等绿叶蔬菜。下面以油菜为例介绍生产关键技术。

1. 品种选择 油菜选择高产、优质、生长快的五月蔓、上海青、圆叶油菜、大叶油菜等品种。

2. 育苗 用20℃～30℃温水浸泡2～3小时，沥干后在15℃～20℃条件下催芽，24小时可出芽。育苗土用3年内未种过十字花科作物的园土与腐熟优质有机肥混用，优质腐熟有机肥占30%左右，掺匀过筛。用50%多菌灵可湿性粉剂与50%福美双可湿性粉剂等比过筛，按每平方米10克对育苗土消毒。每种植667米^{2}需苗床面积13～15米^2，用种量250克左右。苗床上用竹竿或竹片搭建小拱棚，预备遮阳物，必要时遮阴避雨育苗。苗出齐后叶面无水滴时筛撒一层薄土，弥补裂缝；苗期不旱不浇，旱时浇小水；苗期可分次间苗，当幼苗长出1片真叶时，首次间苗，苗距2～3厘米；当3～4片真叶时，第二次间苗，苗距5～6厘米；播后30～40天即可定植。

3. 定植前准备 定植前每667米^{2}施优质腐熟有机肥5 000千克，磷酸二铵20～30千克，翻耕耙平，做成1米宽的菜畦。

4. 定植 株行距15厘米×20厘米，先在畦内按行距20厘米开沟，再按株距摆苗，边栽边封沟平畦，随后浇水。

5. 田间管理 定植3～5天后浇缓苗水，随即中耕蹲苗，蹲苗期不宜过长，7～8天蹲苗结束，结合浇水每667米^{2}施尿素15千克，促使油菜快速生长。之后保持土壤湿润。根据温度变化于10

月底至11月初扣棚，扣棚后，前期加大放风量，以防烧苗，温度保持白天20℃～25℃，夜间5℃～10℃，11月底随气温下降应加盖草苫以保温为主。油菜病害主要有霜霉病、黑斑病、病毒病，虫害主要有菜青虫、蚜虫和甜菜夜蛾，可参照第四章病虫害防控篇部分加强防控。11月份油菜已长成，之后生长缓慢，可根据市场行情适时收获。

第三节　小拱棚结构与性能特点

小拱棚跨度多为0.5～2米，高度0.5～1.2米，长度依地块长度而定。拱杆和拉杆多采用竹片，拱杆间距1米左右。小拱棚热容量小，温度上升速度快，降温速度也快，夜间保温性差，一般只用于春季或在温室或塑料大棚内做短期覆盖。

第四节　小拱棚及露地高效生产模式与配套技术

一、小拱棚早春马铃薯—夏大葱—秋大白菜

（一）高效实例

该模式是近几年河北省宁晋县农民探索出的一种小拱棚高效栽培模式。早春小拱棚马铃薯一般每667米^{2}产量为3 500～4 000千克，种薯、肥料、农药、地膜、小棚膜、小棚骨架等农资成本1 200元左右，在不计人工成本的情况下，本茬产值7 000～8 000元。夏大葱每667米^{2}产量为4 000～5 000千克，种子、肥料、农药等农资成本400元左右，在不计人工成本的情况下，本茬产值4 000～5 000元；秋大白菜每667米^{2}产量为5 000～6 000千克，

种子、肥料、农药等农资成本约300元,不计人工成本的情况下,本茬产值3 000～3 600元。在不计人工的情况下,三茬每667米^{2}产值1.4万～1.66万元。

(二)茬口安排

小拱棚早春马铃薯,2月10日催芽,2月20～25日播种,加盖小拱棚,5月20日至6月5日收获,赶早上市,此期露地生产的尚未收获,抢早上市价格较高。夏大葱,3月10～15日播种覆盖地膜育苗,6月5～10日定植,8月中旬收获。秋大白菜,8月上旬立秋后5天播种育苗,8月底至9月初定植,11月中下旬收获。

(三)早春马铃薯生产关键技术

1. 品种选用 小拱棚早春马铃薯品种应选用产量高、品质优良、薯块外观漂亮、商品性好的早熟品种,如荷兰15。

2. 催芽、切块 在温度15℃～22℃、空气相对湿度60%～70%的条件下催芽。有日光温室的可在日光温室内催芽,具体做法是将种薯平摊在温室地面上(或种植蔬菜的行间空地上),保证上述温度,10天左右芽长可达0.5厘米左右,芽子呈紫绿色。此时将种薯切块,掌握每块至少有1个健壮芽子,切块用刀应用高锰酸钾溶液随时消毒。每千克种薯切40～45块,每667米^{2}用马铃薯种115～125千克。

3. 整地、施肥、播种 12月上旬将计划种植马铃薯的地翻耕。翌年2月中旬整地施肥,小拱棚栽培采用大小行种植,大行距0.75米,小行距0.15米。按大行距开沟(沟宽20厘米,深10～12厘米),每667米^{2}在种植沟内集中施氮、磷、钾比例为15∶15∶15的硫酸钾型复合肥150千克,同时每667米^{2}撒施防治地下害虫的3%辛硫磷颗粒剂4千克,顺种植沟浇1次小水。水渗后在种植沟内按行距0.15米、株距0.35米双行种植,机械覆土,厚度12～13厘米,最厚不超过15厘米。覆土后种植行呈垄状,每667米^{2}用33%二甲戊灵乳油150～200毫升对水45～60升均匀喷雾

土表，防除田间杂草，之后覆盖宽 0.8 米的白色地膜。

4. 加盖小拱棚　用 4 米的竹片弯成小拱棚，棚高 1 米，棚跨度 2.3 米，每个拱棚内 8 行。各拱棚间距 1.1 米，棚上盖棚膜。

5. 田间管理

(1)温度管理　出苗前，控制小拱棚内温度 25℃以下，15～20 天后陆续出苗，秧苗出土后及时到小拱棚里捅破地膜让苗长出。出苗后注意小拱棚放风，防止棚内高温烫伤幼芽，保持白天 20℃～25℃，最高气温不高于 28℃，夜间 13℃～15℃。进入 4 月上旬应昼夜通风，浇水后应及时通风，降低棚内空气湿度。4 月中下旬选晴好天气去除小拱棚。

(2)肥水管理　早春马铃薯的管理紧抓一个“促”字，一促到底，覆盖棚膜并架设好小拱棚后，要浇 1 次透水，4 月中下旬去除小拱棚后及时浇第二水。5 月上旬陆续开花，进入马铃薯膨大期，掌握小水勤浇的原则，一般 7～10 天浇 1 次水，保证块茎在湿润的土壤中顺利地膨大生长。

(3)化学调控　5 月上中旬进入花期后，叶面喷洒 1 次薯类生长促控剂(按有关产品说明书进行)。控上促下，提高产量。

(4)病虫害防控　早春马铃薯病虫害主要为早疫病和蚜虫。掌握在 5 月 1 日前后喷洒 5%吡虫啉乳油 1 000 倍液，5 月 10 日看虫情可再喷洒 1 次。此次吡虫啉可与 80%代森锰锌可湿性粉剂 500 倍液混合喷洒，防治蚜虫兼防早疫病。早疫病还可参照第四章病虫害防控篇部分进行防控。

6. 及时采收上市　一般播种后 90 天收获，根据种植户的经验，在播种后 90 天收获，每 667 米^2 产量为 3 500 千克左右，延长 10 天采收，产量可达 4 000 千克。应根据市场行情，适时采收。

(四)夏大葱生产关键技术

1. 品种选用　选择优质、高产、抗性强的品种，如章丘大葱。

2. 培育秧苗

(1)苗床整地 选择没有种过葱、蒜、韭、洋葱等作物，地势平坦、背风向阳、土壤肥沃、排灌方便的壤土或沙壤土作为育苗地。每种植667米^{2}大葱需要育苗床50米^2。每667米^{2}施入腐熟有机肥2 500千克，再施入10千克磷酸二铵和10千克钾肥，混合均匀后撒施在畦面上，然后翻耕做畦。畦长一般10米左右，宽3米左右，播前提前10～15天浇水造墒。

(2)种子处理 一般栽植667米^{2}大葱需要种子量0.75～1千克。选择上一年新产的种子，去除杂质、尘土、坷垃等杂质，选择晴好天气晾晒1～2天。用50%多菌灵或50%硫菌灵可湿性粉剂，按种子重量的0.4%进行药剂拌种，预防大葱紫斑病、霜霉病，然后将拌种后的葱籽放到通风干燥的地方阴干待播。

(3)适时播种 3月上旬，马铃薯播种结束后，马上开始育葱苗。苗床适墒旋耕耙平，用竹耙自然划沟，沟距7～8厘米，沟深1厘米左右，将大葱种子均匀撒于畦面，再用竹耙横向、竖向自然拉过趟平，踩1遍。随后喷除草剂，每667米^{2}可施用48%氟乐灵乳油100～125毫升，对水后均匀喷洒畦面，之后灌足底水，水渗完后在畦面上及时覆盖地膜，以保墒和提高地温。

(4)苗期管理 播种后3天左右，当畦面覆土略有干燥并出现裂缝时，可将地膜撤掉，用钉耙将畦面搂平搂细，再将地膜盖上，有利于保墒和出苗整齐。幼苗出齐后撤掉地膜。4月下旬前后开始浇水，此后每10～15天浇1次水，每次浇水每667米^{2}撒施尿素5千克左右，促进快速生长。5月底起，停止浇水追肥，蹲苗20天左右，使其健壮，增强抗倒伏、抗病能力，以防定植后在烈日下出现瘫倒现象，影响缓苗。

3. 定植 6月中旬定植，马铃薯收获后，抓紧时间整地。每667米^{2}施氮、磷、钾比例为15∶15∶15的硫酸钾型复合肥50千克，旋耕，按行距60～70厘米开定植沟，沟宽20厘米、深20厘米。选择株高30～40厘米、6～7片叶、茎粗1～1.5厘米、无分蘖的健

壮秧苗，按大苗、中苗、小苗分开定植。定植采用干插定植法，在开好的葱沟内，将葱苗插入沟底，覆土，覆土深度以不埋住五杈股为宜，两边压实后再浇水。行株距 60～70 厘米×5～6 厘米，每 667 米^2 栽 20 000～22 000 株。

4. 定植后管理

(1)中耕除草　定植缓苗后，天气逐渐进入炎热夏季，保持土壤湿润，注意中耕保墒，清除杂草，雨后及时排出田间积水。

(2)浇水追肥与培土　7 月底，大葱开始旺盛生长，结合浇水，每 667 米^2 追施硫酸钾型复合肥(氮、磷、钾比例为 16∶7∶21)30 千克，之后中耕并进行第一次培土。10 天后结合浇水追肥(同前)进行第二次培土，培土时将行间的潮湿土尽量培到大葱两侧并拍实，以不埋住五杈股(外叶分杈处)为宜。注意保持土壤湿润，收获前 7～10 天停止浇水。

(3)病虫害防治　夏茬大葱的主要病害有霜霉病、紫斑病，虫害主要有蚜虫、斑潜蝇、蓟马，可参照第四章病虫害防控篇部分加强防控。

5. 收获　夏大葱的收获期，正值大葱上市淡季，一般 8 月中下旬陆续采收上市。

(五)秋大白菜生产关键技术

1. 选择适宜品种　秋大白菜栽培选用抗病、结球性好、耐贮藏、生长期 90 天左右的中晚熟品种，如北京 3 号、丰抗 78 等。

2. 播种育苗

(1)播前准备　选择地势较高、排水良好、土壤肥沃，且前茬没有种过十字花科蔬菜的地块做育苗床。每栽 667 米^2 土地面积，约需 30 米^2 的育苗畦。应及早深翻晒垡，育苗前做成平畦，畦宽 1～1.5 米，长 10 米。每畦内要撒入腐熟的优质农家肥 150 千克，掺入硫酸铵及过磷酸钙各 0.5 千克，然后将畦土翻耕 2 遍，使土肥混匀。再用钉耙搂成漫跑水畦，即顺着浇水时的水流方向，畦头略高，畦尾略低，确保浇水时整个畦面水分较均匀。为了降温防雨，育苗畦上面搭荫棚。

(2)播种 8月5～15日播种，每667米^{2}用种75～100克。采用撒播方式，苗畦内浇透水，把种子均匀地撒在整平的畦面上，然后覆土厚1～2厘米，并刮平覆盖的细土。

(3)苗期管理 播种后要做到"三水"齐苗，即播种当天浇1次水，种子顶土时浇1次水，出齐苗后浇1次水。若播后就遇到阴雨天，可以少浇或不浇。之后保持土壤见干见湿，当真叶充分展开后进行第一次间苗，苗距6～7厘米；第二次间苗在3～4片真叶时进行，苗距10～12厘米，每次间苗后浇1次水弥合土缝。

3. 移栽定植

(1)整地施肥 夏大葱收获后抓紧时间耕翻晒垡，以改善土壤的理化性质和杀灭病菌，大白菜生长期长，生长量大，每667米^{2}施腐熟鸡粪3米^3，氮、磷、钾比例为15∶15∶15的硫酸钾型复合肥50千克，按行距0.6米起10～15厘米高的小高垄准备移栽定植。

(2)定植 8月底，白菜苗龄15～20天、具5～6片真叶时进行单株移栽，移栽应在下午进行。移栽前1天，应先给育苗畦内苗浇足水，第二天起苗。挖苗时，每株菜苗要带6～7厘米的土坨，以减少根部损伤。定植时先用铲子在定植畦内按株距0.35～0.4米开穴，然后把菜苗栽在穴内，随即覆土封穴。每667米^{2}栽2 700～3 000株。栽后应立即浇足水。

4. 定植后的管理

(1)定植至开始包心前的管理 从9月上旬至9月下旬。定植后隔天再浇1次水，以利于缓苗。待土壤见干时即可中耕松土。5～6天后菜苗恢复生长。缓苗后，很快形成第二个叶序环，即莲座期。应结合浇水每667米^{2}施三元复合肥20～30千克，保持土壤见干见湿，注意中耕。此期是霜霉病流行时期，甜菜夜蛾、甘蓝夜蛾、小菜蛾、蜗牛、野蛞蝓等危害也较严重，应加强防控。

(2)结球期管理　从9月下旬至11月上旬。大白菜结球期保持土壤湿润，有利于根系生长和养分吸收。一般5～7天浇水1次，直到收获前7～10天停止浇水。结球期追肥2次，第一次在结球初期，第二次在结球中期，每次每667米^{2}施三元复合肥30～40千克。用0.1%～0.2%磷酸二氢钾溶液，每7～10天叶面喷施1次，连喷3次，叶面追肥最好在下午3时以后进行，利于吸收。病虫害防治同前一时期。

二、小拱棚冬春小葱—春季茴香

(一)高效实例

该模式是近10年河北省青县发展起来的一种小拱棚高效栽培模式。冬春小葱每667米^{2}产量1 500～2 000千克，扣除种子、肥料、棚膜、骨架等农资成本约1 000元，每667米^{2}产值在5 000～6 000元；茴香每667米^{2}产量1 500～2 000千克，扣除种子、肥料等农资成本约300元，每667米^{2}产值在1 000～2 000元。在不计人工成本的情况下，两茬蔬菜每667米^{2}产值6 000～8 000元。

(二)茬口安排

冬春小葱9月下旬直播，翌年2月中下旬收割上市；一般在3月上中旬小葱收获后，播种茴香，茴香一般在5月上中旬一次性收获。

(三)冬春小葱生产关键技术

1. 品种选择　选择生长快、耐寒、抗病、高产的品种，如隆尧大葱、天津五叶齐、章丘大葱等。种子质量符合国家种子质量二级以上标准要求。

2. 整地做畦

(1)选地　选择地势平坦、排灌方便、耕层深厚、保水保肥良好的沙壤土地块种植，前茬为非葱蒜类蔬菜。

(2)整地施肥　深翻30厘米，细耙。结合整地，每667米^{2}施腐熟农家肥 2 500 千克，硫酸钾型复合肥 40 千克。

(3)做畦 东西向做畦，一般畦宽 2 米，长 15～20 米，畦面要求细碎平整。

3. 播 种

(1)播种 干籽直播。每 667 米^2 播种量 4～5 千克。先浇透水，水渗后，种子和细沙按 1∶5 的比例混匀后撒满畦面，或在上面覆细土厚 1 厘米左右，或使用田园管理机耠耕 5 厘米左右，而后用 15 千克左右的铁轴镇压。

(2)除草 在播后出苗前，每 667 米^2 使用 330 克/升二甲戊灵乳油 60～80 毫升，对水 20～30 升均匀喷洒地面。

4. 田间管理

(1)扣棚前管理

①浇水 播后 1 周左右根据墒情可浇小水 1 次，当第一片叶片全部伸直时，根据墒情可再浇小水 1 次，封冻前浇 1 次冻水。

②间苗 齐苗后进行间苗，去掉畸形苗，疏开过密幼苗。冬前一般不追肥，不收割。

③清理枯叶 扣棚前将小葱枯叶清理干净。

(2)扣棚 封冻后 10 天左右，无风天扣棚。选用 4 米长的竹片和宽 4 米、厚 0.08 毫米的薄膜，在畦上搭建 1.1 米高的小拱棚，竹片间距 1.2 米，竹片间纵向绑上 2～3 道细竹竿加以固定。覆膜后周围用土将薄膜绷紧、压实。

(3)扣棚后管理

①环境调控 小葱返青后，白天温度控制在 20℃～25℃，夜间 5℃～6℃，高于 25℃要及时在小拱棚南面开底风口放风。日落后在棚北面覆盖一层宽 1.2 米、厚 5～7 厘米的草苫进行保温，每天早晨日出半小时后掀开草苫。

浇水后，连续 2～3 天在日出后将东西两棚头同时掀开进行 2～3 分钟的强通风排湿。每天日出后在小拱棚南面间隔 2 米开 15～20 厘米宽底风口放风排湿 20 分钟左右。阴天早晨一般不放

风排湿。

②肥水管理　小葱返青后，先不浇水。当小拱棚内最低气温连续1周高于7℃后开始浇水。结合浇水，每667米^{2}追施尿素10千克，以促进幼苗生长。当土壤含水量低于田间最大持水量的50%后，浇第二次肥水，每667米^{2}追施硫基氮肥10千克，提高小葱品质。此后可根据气温和放风量的增加酌情浇水，保持土壤见湿见干。

③病虫害防控　参照本书病虫害防控部分，加强灰霉病和霜霉病的防控。

5. 采收　小葱高25～30厘米时采收。采收后即剥去枯叶、去除杂菜杂草、捆把后上市。

（四）夏季茴香生产关键技术

1. 品种选择　选择生长快、耐寒、抗病、高产的品种，如内蒙古大茴香、河北扁粒小茴香等。

2. 整地施肥　结合整地，每667米^{2}基施优质粪肥3 000千克，硫酸钾型复合肥30～50千克，生物菌肥80千克，微量元素钙镁硼锌铁2千克。深耕细耙，做成宽1米的畦，将土坷垃打碎，留出播种后盖的土，搂平畦面。

3. 播种　3月上中旬小葱收获后即可播种。茴香种子为双悬果，内含2粒种子，在播种前应把种子搓开。可干籽直播，但为使出苗快而整齐，播种前最好先进行浸种催芽，方法是把种子浸泡24小时后，用手将种子揉搓并淘洗数遍至水清为止。将湿种子摊放在麻袋或草席上，放阴凉处稍晾一下，再盛在瓦盆里，盖上湿布于16℃～23℃条件下催芽。播前浇足底水，水渗后撒播。为做到播种均匀，可进行2次撒播，每667米^{2}播种量4～6千克。播后覆土1厘米厚。

4. 田间管理

（1）肥水管理　如果播干种子，播种后要注意勤浇小水，保持畦面湿润，以利幼芽出土。若出苗期间水分不足，易发生缺苗现象。幼苗出土后，适当控水进行蹲苗，促进幼苗生长健壮。前期生长缓慢，田间易滋生杂草，注意及时除草，苗期不宜过多浇水，可保持畦面见干见湿。苗高 10 厘米以上时，浇水宜勤，水量适中，结合浇水每 667 米^2 追施尿素 5～8 千克，一般浇水追肥 2～3 次。

(2)病虫害防控 病害主要是菌核病，虫害主要是蚜虫，防控措施详见第四章病虫害防控篇部分。

5. 采收 苗高 30 厘米左右时进行一次性采收。收获时连根拔起，去除泥土、杂草和老叶、黄叶后上市。

三、小棚韭菜

(一)高效实例

该模式是近几年在河北省乐亭县乐亭镇、胡家坨镇、庞各庄乡、新寨镇等地发展起来的一种小棚高效栽培模式，具有投资小、见效快、风险低的特点。利用中小棚实行韭菜反季节生产，可收割 2～3 茬，平均每 667 米^2 产量 5 000 千克左右，扣除种子、肥料、农药、棚膜等农资成本约 2 500 元，在不计人工成本的情况下，每 667 米^2 产值约 1.5 万元。

(二)茬口安排

第一年最佳播种时间为 4 月初至 5 月初。采用露地养根、冬季生产的方式，一次播种，多年受益。

(三)生产关键技术

1. 品种选择 选用抗寒、分株力强、株型好、休眠期短的品种，如杭州白根原种、农大强丰、青秀雪韭、嘉兴白根系列等。

2. 播种 4 月初至 5 月初播种，采用开沟直播的方式。播前施足基肥，每 667 米^2 撒施优质腐熟粪肥 5 000～6 000 千克和硫酸钾型复合肥(氮：磷：钾＝15：15：20)30～40 千克，然后深翻土壤 30 厘米。按照畦长 30～50 米、宽 4～6 米，畦埂宽 30 厘米东西向做

畦。畦内浇透水，待畦内土表发干时，沿东西向开沟，沟宽 25 厘米，沟间距 5 厘米，沟深 2～3 厘米。种子与细沙土混合后撒播，播后覆土厚 2～3 厘米，整平畦面。待表土有层干皮时，镇压 1 次。

3. 播后管理

(1)除草　在播种后，每 667 米^2 用 48%仲丁灵乳油 200 克喷洒地面防草。后期长出的田间杂草要及时拔掉。

(2)查苗补苗　采用同品种补苗移栽的方式，当幼苗长至 20 厘米左右时，进行移栽，补苗后浇水，有利于成活。

(3)养根除薹　夏季韭菜不进行收割，用韭菜专控药剂控旺促根(按说明书使用)控制韭菜徒长，使植株节间缩短，茎秆粗壮，增加分蘖，防止倒伏，积蓄养分。夏季韭菜抽薹后，要在韭薹细嫩时及时摘除，以利于植株养分积蓄，保证冬季韭菜正常生长。

(4)浇水追肥　5 月初浇 1 次小水，之后视土壤墒情浇水。8 月初结合浇水追肥 1 次，每 667 米^2 用硫酸钾型复合肥 40～50 千克，10 月初停止浇水。

4. 扣　棚

(1)拱棚搭建　第一年需要在 8～9 月份开始搭建拱棚，棚架由水泥立柱、竹竿和竹片搭建而成。水泥柱长 1.2～2.3 米，截面 6 厘米×6 厘米。先沿东西向埋三排水泥立柱，北侧立柱高 1.7～2 米，中间立柱高 1.3～1.5 米，南侧立柱高 0.9～1.1 米，埋入地下 25 厘米。并将南侧立柱向南倾斜 10°角左右。柱与柱之间东西间距 1.5～2 米，南北对齐。在三排立柱上沿东西方向各拉一道铁丝，用铁丝将各个水泥柱固定。用长 4 米的竹竿南北方向用铁丝固定在立柱上，棚前端用长 2 米的竹片，一端在韭菜畦埂的中间部位插入地下，另一端固定在竹竿上。

(2)扣棚　每年 11 月初，清理畦面，割去韭菜地上部分枯叶，每 667 米^2 用腐熟的有机粪肥 4 000～5 000 千克均匀地覆盖，撒施硫酸钾型复合肥(氮、磷、钾比例为 15：15：20)40～50 千克，然后浇透水。2 天后，用聚乙烯塑料棚膜扣在搭建好的棚室上，压紧压实，用压膜线固定，晚上膜上覆盖草苫保温。

5. 扣棚后管理

(1)温度管理 白天保持28℃～30℃，夜间10℃～12℃，以促进韭菜尽快萌发新芽。韭菜萌发后白天温度控制在15℃～25℃，夜间控制在10℃～12℃。在每茬韭菜收割前5～7天要降低棚温，白天控制在15℃～20℃，夜间7℃～10℃，促使叶片增厚，叶色加深。

(2)肥水管理 头茬韭菜生长期间，不需浇水追肥。头茬韭菜收割后，新叶快出土时浇水1次，每667米^{2}随水追施硫酸钾型复合肥(氮、磷、钾比例为15∶15∶20)30千克。韭菜长到10厘米左右时再浇1次水，以后管理以此类推。从第二年开始，每年需进行1次培土。

(3)病虫害防控 主要有灰霉病、疫病、锈病和韭蛆等病虫害，可参照第四章病虫害防控篇部分加强防控。

6. 收割 扣棚后30～35天开始收割第一茬，第一茬收割后27～28天开始收割第二茬，第二茬收割后25～27天开始收割第三茬，在2月初结束收割。收割时间最好在早晨，要边割边捆及时包装，以保持韭菜的新鲜，防止失水。

7. 收割结束后的管理 韭菜收割完后，在韭菜畦内及时铺盖1～2厘米厚的细土，之后浇水，每667米^{2}随水冲施硫酸钾型复合肥(氮、磷、钾比例为15∶15∶20)30千克。2月中下旬撤掉棚膜，之后进行护根养根，不再收割。进行养根管理，夏季注意及时采薹，根据土壤墒情，适时浇水。分别在5月初和8月初结合浇水追肥1次，每667米^{2}用硫酸钾型复合肥40～50千克，10月初停止浇水。

四、地膜大蒜—花椰菜

(一)高效实例

该模式在河北省石家庄市藁城区南营镇朱家寨村种植有20

多年,全村耕地面积 290 公顷,该模式占地面积达 166 公顷。蒜薹每 667 米^2 产量为 600 千克左右,平均每千克售价 3 元,每 667 米^2 产值约 1 800 元;蒜头每 667 米^2 产量 850 千克左右,平均每千克售价 2 元,每 667 米^2 产值约 1 700 元;扣除蒜种、肥料、农药、地膜等农资成本约 1 000 元,在不计人工成本的情况下,每 667 米^2 产值约 2 500 元。每 667 米^2 花椰菜产量 4 000 千克左右,平均每千克售价 1 元,每 667 米^2 产值约 4 000 元,扣除种苗、肥料、农药等农资成本约 800 元,在不计人工成本的情况下,每 667 米^2 产值 3 200 元。该模式每 667 米^2 全年产值(不计人工成本)5 700 元左右。

(二)茬口安排

大蒜于 10 月 1 日左右播种,6 月初收获完毕;菜花于 6 月底至 7 月初播种,7 月底定植,10 月上中旬收获。

(三)地膜大蒜生产关键技术

1. 品种选择　选择蒜头和蒜薹兼收的脱毒苍山大蒜品种。

2. 播种前的准备　每 667 米^2 施腐熟好的圈肥 5 000 千克,磷酸二铵 50 千克,复合微生物肥 100 千克(忌施含氯化肥),然后深耕细整,达到上虚下实,无坷垃。做高 10～12 厘米、底宽 70 厘米、畦面宽 60 厘米的小高畦,畦间距 30 厘米。

3. 播种　每 667 米^2 播量 200 千克。在备好的小高畦上按行距 18 厘米,株距 6～8 厘米,每 667 米^2 密度在 4 万～5 万株播种。播种深度 3～4 厘米,蒜种背向一致,然后覆土,播后整平压实土壤,喷浇水后,每 667 米^2 喷 33%二甲戊灵乳油 150 克,然后浇 2 次水(隔天浇 1 次水),盖上 95 厘米宽的地膜,膜要盖严、压紧,做到膜紧贴地面、无空隙、无褶皱,若有破洞及时用土压上。

4. 播种后的管理

(1)幼苗生长期　从 10 月上旬至翌年 4 月上旬。

①破膜出苗　播后 10 天左右出苗,此时要用扫帚在膜上轻

扫1遍，以利大蒜破膜出苗，个别不能自行破膜的再用铁丝钩在苗顶开口钩出。

②肥水管理　在幼苗生长阶段灌1次促苗水，入冬后浇足越冬水，3月初浇1次返青水，结合返青后随返青水每667米^{2}施20千克尿素，在4月初浇1次水，每667米^{2}随水冲施硝酸钾冲施肥10～15千克，40%辛硫磷乳油750毫升，或48%毒死蜱乳油600毫升，施肥兼治根蛆。浇水后中耕松土散墒，保证母瓣干燥，防止湿烂招生蒜蛆。在4月初还应注意防控叶枯病。

(2)孕薹抽薹期　从4月上旬至5月中下旬。蒜薹露帽时浇第一次水，结合露帽水每667米^{2}追腐殖酸肥20千克，过10天再浇1次抽薹水，随水每667米^{2}施10千克尿素。蒜薹收获前叶面喷洒1%磷酸二氢钾溶液2次。此期重点防控细菌性软腐病、叶枯病、紫斑病、锈病及地蛆。

(3)蒜头膨大期　从5月中旬至6月初。蒜薹采收前7天停止浇水，采薹后及时浇1次水，蒜薹在5月17～20日抽完，抽薹后大蒜蒜头生长迅速，只浇水1～2次，不追肥。病虫害防控同前述。蒜头在5月底至6月初收获完毕。

(四)露地花椰菜生产关键技术

1. 品种选择　选用高产、抗病、适销品种，如日本雪山、日本雪晶、贞心70、贞心56等。

2. 购买或培育壮苗　由于育苗时温度高，农户自己育苗温度不好控制，最好去育苗场代育或买苗用。若自育秧苗，要掌握好以下技术要点。6月底至7月初播种，每种植667米^{2}需种量20克，苗床10米^2。苗床要有遮阴防雨条件。浇透水后撒播，覆土厚1.5厘米。1叶1心时间苗，2～3片真叶时分苗，育苗期间要注意防雨遮阴，7～10天喷洒1次硫酸链霉素(按说明书使用)+70%甲霜·锰锌可湿性粉剂500倍混合液防病。

3. 整地施肥　每667米^{2}施腐熟圈肥5000千克，磷肥50千

克，深耕细整，做成行距为70厘米的小高垄。

4. 定植　7月底定植（苗龄1个月左右），在垄上按株距25～30厘米挖穴，每667米^{2}栽植3 500株。

5. 定植后的管理

(1)定植至莲座期管理　从7月下旬至9月下旬。定植水灌足，缓苗后浇1次缓苗水，每667米^{2}随水冲施多维肥精5千克，随后结合中耕培土1～2次。蹲苗15天，结束蹲苗后要灌1次透水，结合灌水每667米^{2}追施氮肥10～15千克，同时用0.2%硼砂溶液叶面喷施1～2次。参照第四章病虫害防控篇部分重点防控霜霉病、病毒病、蚜虫、菜青虫等。

(2)结球期管理　从9月下旬至10月上中旬。此阶段是形成产量的关键时期，注意肥水供应，加强病虫害防控，争取产量及较高的品质。莲座期结束后花球开始形成，要加强肥水管理，保持土壤湿润，结合灌水每667米^{2}追施尿素5千克，磷酸二铵10千克，钾肥10～15千克。叶面喷施0.2%磷酸二氢钾溶液1～2次。当花球直径3～5厘米大小时进行束叶保护花球。当花球直径为10厘米时，结合浇水每667米^{2}再追施1次硫酸铵15千克。此期主要病虫害有软腐病、黑腐病、黑斑病、菜青虫，应加强防控，具体措施详见第四章病虫害防控篇部分。

五、露地春茬青花菜—秋茬青花菜

(一)高效实例

露地种植青花菜是近几年在河北省廊坊市大城县发展起来的一种露地高效栽培模式。一年种植两茬，早春和秋季各一茬。每茬667米^{2}产量为1 500千克左右，每年每667米^{2}种植青花菜所需农资成本约2 200元，在不计人工成本的情况下，每667米^{2}全年产值约7 860元。

(二)茬口安排

廊坊地区青花菜春茬在1月下旬至2月上旬播种育苗，3月中下旬定植，5～6 月份收获；秋茬在 6 月下旬至 7 月上旬播种育苗，8 月初定植，10 月份陆续收获上市。

（三）关键技术

1. 品种选择　青花菜属于喜欢冷凉的蔬菜，选择植株生长势强、花蕾深绿色、焦蕾少、花球圆弧形、侧芽少、蕾小、花球大、抗病、适应性广的品种。春茬品种选用日本的炎秀，秋茬品种选用日本的耐寒优秀。

2. 培育壮苗　春茬育苗播种时间在 1 月 15～18 日，温室育苗，采用 105 穴的穴盘育苗，苗期 60 天；秋茬育苗播种时间在 7 月 1～5 日，大棚育苗，采用 105 穴的穴盘育苗，苗期 30 天。苗期每 2 天喷 1 次水，定植前喷 1 次杀菌剂，可用 72%霜脲·锰锌可湿性粉剂或 75%百菌清可湿性粉剂 600 倍液喷雾，也可以用 45%百菌清烟剂熏烟处理。

3. 施肥与整地　结合整地每 667 米^2 施优质干鸡粪 500 千克和氮、磷、钾比例为 17∶17∶17 的三元复合肥 75 千克。混土均匀，按行距 60 厘米起小高垄，垄上覆盖地膜。

4. 定植　幼苗 4 叶 1 心时定植。一般春茬在 3 月 20 日前后；秋茬在 8 月 10 日前后。按行距 60 厘米、株距 42 厘米种植，每 667 米^2 栽植 2 600～2 700 株。按照“人工刨坑—栽苗—浇水—封埯”程序，关键在于定植后封埯或封土不能超过子叶痕，更不能埋上生长点，埋到苗的土坨 1 厘米以上为宜，移栽后浇（灌）透水。

5. 田间管理

（1）定植至出现小花球　定植后 2 天内补苗。根据天气情况，每 10 天左右浇 1 次水，保持土壤湿润。浇水忌大水漫灌。结合浇水追肥 2 次，第一次在植株开始迅速生长时（定植后约 15 天），每 667 米^2 施尿素 10～15 千克；第二次在植株封垄前进行，当植株心叶开始呈拧心状时（定植后约 30 天），结合除草追施三元复合肥 20～25 千克。对此期发生的侧枝要及时摘掉，以促进

主花球形成。同时，注意防控小菜蛾、菜青虫、黑腐病和软腐病的危害，具体措施详见第四章病虫害防控篇部分。

(2)出现小花球至采收　在花球形成初期（定植后40～50天）结合浇水，每667米^{2}施高氮低磷高钾三元复合肥10～20千克，以后根据天气情况适时浇水，保持土壤湿润。从定植到收获，全生育期一般浇5次水，秋茬生产若降雨多，可减少1～2次灌水。为减少花球表面黄花和花茎空洞，延迟植株衰老，在花球形成期可叶面喷施磷酸二氢钾、硼宝或0.05%～0.1%硼砂和钼酸铵溶液1次。收获前1～2天浇1次水。整个花球形成期，应及时摘除病叶、老叶和防治病虫害（同前述）。

6. 采收　采收前2周禁止使用各种农药，清晨或傍晚采收。出口采收标准：花球12～14厘米，花环连柄长不低于16厘米，质量100～200克。色泽浓绿，花球紧实，朵形圆正，花蕾比较均匀细腻，无满天星（黄粒）、无焦蕾、无腐烂、无虫口、无破损、柄无空心等畸形现象。国内销售标准：花球直径12～18厘米，花球连柄长不低于10厘米，质量400～600克。色泽浓绿，花球紧实，朵形圆正，花蕾无发黄、无焦蕾、无虫口、无严重破损现象。

六、坝上地区错季大棵西芹

（一）高效实例

大棵西芹栽培，是坝上露地错季菜高效栽培模式之一，采取温室早育苗、适时稀定植、增施有机肥、水肥一体化、综合防病虫等技术管理措施，实现棵大、无病、品质好、价格高。在河北省张北县普遍应用。近年来，大棵西芹（单棵重1.5千克以上）市场一直看好，每千克市场售价2.2～3.4元，每667米^{2}产量4 000千克以上，产值1万～1.5万元，是普通西芹的2～4倍。扣除种子、地租、农药、肥料、水电及人工管理费用共计约2 800元，每667米^{2}效益7 200～12 200元。

(二)茬口安排

每年3月15～20日开始利用温室育苗，4月15日分苗，5月上旬适时定植，以露地栽培为主，8月下旬开始采收上市。若采取春秋大棚栽培，可提前至8月上旬上市销售。

(三)生产关键技术

1. 品种选择 根据市场需要，选择抗病、抗抽薹、抗空心，叶色黄绿、叶柄宽厚、脆嫩口感好、商品性好、增产潜力高的西芹优良品种，如加州王、文图拉、玉皇等。

2. 培育壮苗

(1)播种 每年3月15～20日开始利用温室育苗，因苗期受到低温处理易抽薹，育苗要采取双膜保温措施，可在坝下育苗，坝上分苗。种植大棵西芹每667米^{2}用种量20～30克，播前进行种子处理，用46℃～48℃温水浸种30分钟，并不停搅动至水自然冷却后再浸泡24小时，稍微风干后即可掺入细沙土播种。每种植667米^{2}大棵西芹需苗床6米^2，每平方米苗床内撒施腐熟过筛农家肥5千克和粉碎的磷酸二铵10克。翻耙后做成平畦，浇足底墒水，把经过处理的种子撒在畦内，种子距离为1～1.5厘米，再覆盖过筛的细土0.5厘米厚。

(2)分苗前管理 出苗前每天夜间盖一层地膜，白天揭掉，保持温度18℃～20℃和土壤湿润。出苗后，白天保持20℃左右，夜间10℃左右，并保持苗床湿润。

(3)适时分苗 4月15日前后，幼苗有2～3片真叶时分苗。分苗后是培育壮苗及防抽薹的关键期，关键技术如下。

①**基质配制与装盘** 按每立方米由6份蛭石＋3份草炭＋1.5千克磷酸二铵＋1.5千克三元复合肥＋50克福美双杀菌剂＋100克辛硫磷杀虫剂混合。将配料按配方充分混匀，掺适量水搅匀，用手捏团，能从指缝中滴水为宜。选用50孔或72孔的穴盘，将配好的基质撒在穴盘上，用刮板从穴盘的一方刮向另一方，使

每个孔穴都装至3/4处，将装好基质的穴盘垂直码放在一起压穴，以备栽苗。

②**分苗**　分苗前，用高效杀菌剂77%氢氧化铜可湿性粉剂600～800倍液浸泡根部10分钟，预防西芹茎腐病发生。把西芹苗单棵分栽在穴盘的每个穴孔内，浇1次透水。

③**分苗后的管理**　温度控制在白天15℃～20℃，夜间7℃～10℃，温度过高时适当通风，夜间遇低温加盖棉被或草苫。前期注意勤浇水，后期适当控水，不旱不浇，促进根系生长。定植前7天左右开始控制肥水，逐步加大风口，炼苗壮根，提高秧苗的抗逆能力。定植前2天，要昼夜通风，以适应外界气候。

3. 单株稀植　定植前，结合整地每667米^{2}施入有机肥6000千克，磷酸二铵30千克，三元复合肥30千克，耕匀耙细后做畦。当苗龄达60天左右，苗高8～10厘米，5～6片叶时，5月上旬适时定植。西芹只有单株稀植，才能充分发挥个体的增产潜力，从而提高其品质和商品性，按株行距40厘米×40厘米定植，每667米^{2}栽苗4000株左右，定植时淘汰病株、弱株，移栽后立即浇水。西芹定植后，无论土壤干湿，均在一两天内浇1次缓苗水。

4. 田间管理

(1)追肥浇水　定植后15～20天适当控水，促根生长。当外叶生长结束、心叶开始肥大充实时，是西芹商品性状形成期，要保证肥水的供应，此期每隔10～15天追1次肥，随后浇水，每667米^{2}追施三元复合肥25千克，尿素25千克，采收前15天停肥。追肥以速效氮、钾为主。叶面喷施含钙和硼叶面肥，若钙供应不足，易发生心腐病和缺镁症(产生花叶)，缺硼早期外叶出现肉刺，后期叶柄常发生劈裂。

(2)病虫害防控　西芹虫害主要有蚜虫、斑潜蝇、甜菜夜蛾等，病害主要有斑枯病、基腐病、心腐病等，具体还可参照第四章病虫害防控篇部分。

5. 抽薹和空心的预防

(1)抽薹 西芹常易产生未熟抽薹,严重影响商品品质。西芹一般受低于15℃的低温影响达15天,就可能发生未熟抽薹。温度越低,引发抽薹所需的低温时间就越短。因此,在生产中应选用不易抽薹的品种,还可通过覆盖栽培和肥水管理来预防未熟抽薹的产生。

(2)空心 西芹叶柄有时会发生空心现象,严重影响商品品质。

产生空心的主要原因有:过熟,未及时采收;不良环境的影响,如土壤过干过湿,过多的土壤盐分或缺素、霜冻等;植株间相互竞争。

防止空心的技术措施:成熟时及时采收;保持土壤湿润,供水均匀;施足基肥,及时追肥;预防霜冻。

6. 及时采收 单棵西芹长至1.5千克、株高60厘米以上时,根据菜商的要求标准,及时采收出售。采收时按标准细加工,做到无虫眼、无病斑、无污染、绿色、鲜嫩优质上市。因为蔬菜价格波动较大,在收获季节时要掌握生长情况,根据天气和市场行情适时收获。

七、坝上地区两茬错季莴苣

(一)高效实例

坝上地区露地一季两茬绿叶蔬菜种植,是河北省张北县菜农根据坝上无霜期短的特点利用生长期短、上市早的蔬菜同一品种或不同品种科学搭配种植两茬菜,经过长期实践总结的一项高效种植模式。有大白菜—生菜、莴笋—莴笋等茬口类型,效益最好的是一年两茬莴笋种植。坝上地区按常规一年一收露地蔬菜生产,采收期为8月中旬,往往市场价最低,经济效益最差。如莴笋在当地的价格规律:7月初每千克1.2～1.6元,8月中旬每千克

0.8元,9月中旬每千克1.8～2.4元,以每667米^{2}产量4 000千克计算,每667米^{2}产值7月初为5 200元,8月中旬为3 200元,9月中下旬为6 300元。为使莴笋在市场价最好时期上市,合理安排定植时间,5月初定植到7月初上市,7月中旬再定植一茬,到9月中下旬上市。两茬莴笋平均每667米^{2}产量7 000千克左右,产值10 800～12 000元,是一茬菜的3～4倍。两茬667米^{2}种植成本包括种子、地租、农药、肥料、水电及人工管理费用共计约3 200元,实际每667米^{2}效益7 600～8 800元。

(二)茬口安排

第一茬在3月底至4月初利用冬暖温室或春秋大棚育苗,5月初定植,7月上旬采收上市;第二茬在6月15日左右播种育苗,7月上中旬头茬菜上市后及时定植,9月中下旬上市。

(三)生产关键技术

1. 品种选择 选用青皮、茎粗、品质好、抗抽薹、耐贮运的品种,如四季清香、特大尖叶莴笋等。

2. 培育壮苗 3月底至4月初采用冬暖温室或春秋大棚进行穴盘育苗,选用50孔或72孔的穴盘,配育苗基质时注意施磷、钾肥以利于壮苗(配方同芹菜),每穴播种1～2粒种子,每种植667米^{2}用种15～20克。育苗期间喷施75%敌磺钠可溶性粉剂或75%百菌清可湿性粉剂600～800倍液防治猝倒病和立枯病。苗期控制温湿度,白天15℃～20℃,夜间7℃～10℃,苗龄35天左右,4～5片真叶时可定植。定植前5～7天进行通风炼苗。

3. 起垄覆膜 结合整地每667米^{2}施有机肥5 000千克,三元复合肥50千克,撒匀后旋耕,机械起垄覆膜,同时铺滴灌带。垄高10厘米,垄宽60厘米,垄间距25厘米,采用地膜覆盖技术,实现膜下滴灌水肥一体化,充分发挥节水节肥优势,达到提高作物产量、改善作物品质、增加效益的目的。

4. 头茬定植 5月初适时定植,把炼好的穴盘秧苗运到田间，按行距40厘米、株距25厘米打孔穴栽，每667米^{2}栽苗5 500～6 000株，营养坨表面与畦面在一水平面上，栽后浇透水。移栽后3～4天，再浇1次缓苗水。

5. 田间管理 定植缓苗后要及时中耕，拔除杂草，以利蹲苗，促进根系发育，使莲座叶增多，嫩茎生长健壮。莲座初期结合浇水开始追肥，每667米^{2}施20千克尿素和10千克三元复合冲施肥；茎膨大期结合浇水再追1次，每667米^{2}施10千克尿素和20千克三元复合冲施肥；生长后期保持田间湿润，适时浇水，防止"裂口"。主要病害为霜霉病，可参照第四章病虫害防控篇部分加强防控。

6. 生长异常

(1)莴笋裂口 莴笋裂口为常见多发性生理病害。在肉质茎中下部纵向产生裂口，呈黄褐色，腐烂，严重降低商品性。产生裂口原因主要由水肥供应不均所致。肉质茎膨大后期，表皮、皮层木质化，此时浇水量过大或降雨较多，肉质茎细胞分裂加快急剧加粗，外皮被撑开而产生裂口。收获较晚也易出现裂口。关键是莴笋生长后期不能受旱，保持田面湿润状态，收获前半个月适当控水，使叶片、肉质茎膨大协调生长，并做到及时收获。

(2)抽薹 莴笋正常生长适温为15℃～18℃，日平均温度超过20℃，则容易引起抽薹。圆叶品种易抽薹，土壤贫瘠、施肥量少也易出现抽薹。为防止抽薹，首先要调整好播期，早播和晚播可避免抽薹，做到一季两茬；其次是选用抗抽薹尖叶品种；最后是加强肥水管理，促进营养生长，减慢生殖生长进程。

7. 采收上市 7月10日左右莴笋采收上市，莴笋采收以心叶与外叶"平口"时为适期。采收后及时清理田间杂草菜叶，为第二茬莴笋定植做好准备工作。

8. 二茬菜定植管理 第二茬莴笋在6月15日左右播种穴盘育苗，7月上中旬头茬菜上市后充分利用原有的地面覆盖及时定植第二茬莴笋。移栽后加强肥水管理，因后期温度逐渐降低生长缓慢,要加强前期生长管理,及时追施速溶速效肥料(肥料种类和用量同第一茬),结合滴灌浇透水,促进茎叶快速生长。9月中下旬根据市场行情适时采收上市。

八、浅水莲藕

(一)高效实例

该栽培模式是河北省望都县2013年由莲藕种植专业合作社试验成功的一种高效种植模式。2014年种植面积达到100多公顷,2015年种植面积将达到333.5公顷。一般每667米^{2}产量在2 500～3 500千克,最高4 500千克。第一年每667米^{2}投资1.9万元左右,连续使用15～20年,以后每年每667米^{2}投资1 500元左右。扣除上述成本,每667米^{2}收益1.25万～1.75万元。该模式较种植小麦和玉米节水30%～50%。

(二)茬口安排

3月下旬至4月上旬栽培,9月份以后至春节可根据市场行情采收上市。

(三)生产关键技术

1. 品种选择　选用品质好、口感好、耐贮存、抗病能力强、产量高、适于浅水种植的品种,如南斯拉夫雪莲藕。

2. 藕池建设

(1)选址　排灌方便、通风透光的地块均可。

(2)土壤选择　土壤pH值6～8,以pH值为6.5～7为最佳。最好用河塘泥或稻田土,也可用蔬菜地的园土,但土壤与周边环境应符合绿色食品蔬菜的要求。

(3)建池　在上冻前或翌年化冻后建池。藕池宽4米左右,长度不超过50米。池间距下底宽90厘米,上部宽40厘米。用挖掘机把藕池30厘米表土层挖到外侧,深层土挖到四周压实,打成高50厘米的高垄,挖成后藕池深30厘米(以地平面算起),池底整平，平铺6米宽的橡胶布（一定是抗氧化的防漏布），再把第二个藕池内30厘米深表土挖到第一个池橡胶布上整平。以此类推，最后把第一个池内挖的表土移到最后一个藕池内，高垄上铺上毡布，以防橡胶布作业时被破坏。藕池的一侧要预留排水口，以便雨季排水。

3. 施肥 浅水藕的基肥以有机肥为主，可用农家肥、复合肥及腐殖酸肥等。如果使用农家肥和复合肥，每667米^{2}可施入腐熟农家肥2000～3000千克，三元复合肥50千克。将肥料和土壤混匀，然后把整个池子土壤整平，注意不要破坏橡胶布，以防漏水。

4. 定植 每667米^{2}下藕种不少于300千克，要选3节以上顶芽完整的整藕作藕种，藕种越大越好。栽藕时顺直线按行距2米、株距1～1.5米，根据种藕藕身大小用锄头挖一长形栽植坑，栽植坑一头深、一头浅，与水平面呈15°～30°的倾斜角度。栽藕时将藕头向下顺势栽于栽植坑内，藕身也与水平面呈15°～30°的倾斜角度（藕头向下），用挖出来的土埋实、埋平，藕梢和藕芽稍微露出土面，而藕身全部埋入土中，深度5～10厘米。

5. 定植后管理

（1）发芽期 栽藕之后，立即向水泥池内灌水，此时为了提高地温，使种藕早萌芽，水位不宜太深，一般保持5～10厘米。随着温度的升高，种藕的藕芽开始萌动，当气温稳定在15℃以上时，藕芽横向生长，抽生出根茎，即藕鞭。此时的藕鞭很细，只有1～2厘米的直径，藕鞭上每20厘米左右分一节，节下生须根，节上抽荷叶，藕节上再抽生出藕鞭。

（2）立叶期 5月上旬叶片已经长高，钻出水面，叶片折卷成双筒状紧贴着叶柄，我们把这一时期叫作立叶期。立叶期主要管理工作是控制好水位。从立叶期开始，逐渐地加深水位，但是水不能没过叶片，最初将水位加深到8～10厘米，叶片逐渐展开时，水位加深到15～20厘米。立叶初期，藕鞭越来越长，叶片越来越

多，种藕既要保持旺盛的生长势头，又要形成发达的根系，为长藕打下基础，所以这段时期需要大量的营养。一般采取直接向池子里撒施肥料来追肥，每667米^{2}施用15～20千克尿素。撒施肥料的时候，一定要均匀，如叶片上有肥料要用池中水冲刷下去。

(3)展叶期　5月下旬莲藕的叶片逐渐展开，这段时期叫作展叶期。展叶期的水位依然保持在15～20厘米。为了满足藕鞭快速生长的需要，展叶期需要再次追肥，每667米^{2}施尿素10～15千克。施肥之后，要用池子里的水将落在荷叶上的肥料冲刷干净，使肥料落入水中。随着温度的升高池子里的浮萍和青苔慢慢生长起来，若池子里有浮萍和青苔覆盖，会降低水温，影响藕鞭的发芽和正常生长。因此，每隔半个月左右，应将浮萍和青苔从池子中捞出。还应经常拔除池子边上的杂草，以改善藕池通风条件，利于莲藕生长。

6月份是病害发生的季节，浅水藕种植经常发生的病害是腐败病。莲藕腐败病，又称枯萎病、腐烂病，是莲藕种植区发生最普遍、危害严重的病害之一，全生育期都可发病，是由一种腐霉菌侵入所致。腐败病主要危害地下茎，植株受害后地上部叶片亦表现叶色褪绿变黄，逐渐由叶缘向内变褐干枯或卷曲，终致叶柄顶部弯曲，变褐干枯。严重时藕田一片枯黄，似火烧一般。在23℃～30℃高温和连续阴雨的条件下发病重。当莲藕出现少量的腐败病症状时，就要做好防治工作，用50%多菌灵可湿性粉剂500倍液，或70%甲基硫菌灵可湿性粉剂700～1 000倍液喷雾，隔7天1次，防治2～3次。另外，此时是多雨季节，要防止汛期受涝淹没立叶，要注意放水，使荷叶露出水面，以防被淹死。

(4)花果期　7月份莲藕陆续开花，池塘里荷叶连连，荷花朵朵。此时水位逐渐加深至25～30厘米。开花后还要再追施1次肥料。每667米^{2}施硫酸钾15～20千克，尿素20千克。施肥以后，仍然要用池塘里的水把叶片和花朵上的肥料冲刷干净。莲藕开花后期，荷花渐渐凋零，花谢后花托膨大，形成莲蓬。无论荷花还是莲蓬，都应避免采摘。否则，若把荷花或莲蓬的梗折断，下雨的时候，雨水如从叶柄和花梗的折断处进入，会导致新生地下茎腐烂。

(5)结藕期 8月上中旬地下的藕鞭不再伸长，开始膨大成藕，就进入了结藕期。从结藕期开始，上层叶片缓慢变黄，植株体内吸收的养分，除了少量运输给莲子外，大部分向下输送，藕鞭头上的几节钻入较深的土层中，藕鞭的先端逐渐增粗肥大，积累和贮存丰富的营养形成肥硕的地下茎——藕。藕的形成过程需经15～20天。成藕期的特点是植株地上部生长缓慢渐止，但植株内部营养物质的转化加速，地下茎增粗肥大，这时需要一定的土温。俗话说，涨水荷花落水藕，因而在管理上要求浅水，以利提高土壤温度，加速藕的形成。从结藕期开始，水泥池子里不再加水，而任由其自然蒸发。

6. 采收 进入9月份以后，莲藕基本长成。用高压水枪或挖藕机随时可以采收，一个人一天可以采收2 000千克左右。可以选择在春节期间莲藕价格最高的时候采收。莲藕采收后，池内可施放泥鳅种苗，每667米^{2}施放30 000尾左右，3～4个月后就可收获。

第四章 病虫害防控篇

第一节 设施蔬菜病虫害综合防控

一、设施蔬菜病虫害为什么这么多

近年来，设施蔬菜病虫害呈越来越重的趋势，其主要原因有以下几个方面。

第一，设施内复种指数高，病原菌和虫卵基数大。设施一经建成，不易挪动，周年生产，且种植的蔬菜种类单一，主要为瓜类和茄果类蔬菜，病菌及虫卵逐年积累，数量增多，如枯萎病、疫病、菌核病、线虫病等，随着连作年限的增加，病情逐年加重。

第二，设施内环境优越，有利于病虫害的流行。棚室内空气相对湿度大，特别是低温季节，因密闭保温，有时可达 90%～100%，棚面汽化水散落在植株上，使植株叶面形成水膜，造成高湿的环境，有利于多种病菌的侵染和繁殖。同时，设施内的病虫害可安全越冬，周年繁殖和危害。

第三，不合理用药，导致抗药性产生。棚室蔬菜生产中，对病虫害重治疗，忽视预防，过度依赖农药的现象比较普遍，不合理使用农药，长期使用单一的品种，致使病虫产生抗药性，使得病虫害进一步加重。

第四，田园不清洁，病原无处不在。生产中不注意清洁田园，有的在棚室内任意丢弃病果、病叶、病株，有的虽然将病残体清除到棚外，但在棚外则随意丢弃，也有些园区杂草滋生，蔬菜残体及杂草都是病原菌和虫卵栖息场所，一旦条件适宜，可随风雨传播。

二、设施蔬菜病虫害全程综合防控措施

控制设施蔬菜病虫害应强化预防为主、全程控制的理念，抓住生产过程中的每一个环节，通过农业措施、物理措施和生物措施将病原、虫源控制到最低，并创造有利于蔬菜生长，不利于病原、虫源侵染传播的条件，将病虫害发生的机会降到最低。

（一）定植前的防控措施

1. 选用抗病、抗逆性强的品种　应根据生产季节和病虫害发生规律，有针对性地选用抗性品种。例如，夏秋茬番茄一定要选用高抗病毒病，特别是高抗黄化曲叶病毒病的品种。

2. 培育无病虫壮苗和嫁接苗　苗期可感染多种病害，受蚜虫、粉虱等害虫危害也比较普遍，无论自育还是购买商品苗，一定把好秧苗关，应用无病虫害危害的壮苗。否则，幼苗带病虫定植，田间防控起来会更加不易。针对土传病虫害如枯萎病、根结线虫病等，应选用抗性砧木培育嫁接苗。

3. 清洁田园，棚室消毒　定植前，应将棚内、棚外所有残茬、杂草清除干净，并进行棚室消毒。消毒方法参见第一章第二节全年一大茬黄瓜部分。

4. 人为阻隔害虫进入棚室　棚室通风口、门口等设置30～40目的防虫网，可起到阻隔外界蚜虫、粉虱等迁飞入棚。结合棚室消毒，可人为创造一个无虫源或虫源较少的环境。

5. 幼苗入棚前消毒　若自育幼苗，应在定植前1～2天，对幼苗喷1遍防病防虫的药剂；若购买商品穴盘苗，可将杀菌剂和杀虫剂配成药液，将穴盘浸入药液，浸透基质，以防秧苗携带病虫害。

6. 科学施肥整地　根据土壤养分状况和蔬菜需肥规律和特

点，科学施用基肥，保证蔬菜健壮生长。果菜类做成高垄畦，膜下暗灌，有利于后期降低空气湿度，控制病害。

（二）定植过程的防控措施

1. 使用益生菌剂或生物菌肥　定植时，施用枯草芽孢杆菌、EM 菌等益生菌剂或生物磷钾肥等生物菌肥，可达到有效改善土壤生态环境、促进蔬菜健壮生长、减少病害发生的效果。

2. 科学定植　定植时应根据作物种类和定植季节及病害发生情况，科学定植。定植深度合理，浇水不宜过大，以防定植后茎基腐病、根腐病及疫病发生。如果是嫁接苗，注意不要让土壤污染嫁接口。

（三）定植后的防控措施

1. 加强温湿度控制　调节好不同生育时期的适宜的温湿度，加强肥水管理，创造适于蔬菜生长发育而又不利于病害发生的环境条件。特别是空气相对湿度控制在 75%以下可显著减少病害的发生。

2. 减少人为传播　细菌性病害、病毒病及一些真菌性病害都可通过伤口传播，整枝打杈首先要病健分开，并选择晴天上午进行。若遇连阴天，不得不在湿度大时整枝打杈，在打杈后应及时喷保护性药剂预防。

3. 清洁田园，病残体深埋等　发现病叶、病果应及时摘除，并带到棚外深埋，不可随意丢弃。

4. 物理措施

（1）防虫网＋杀虫板诱杀　配合防虫网，棚室内吊挂蓝板诱杀蓟马，吊挂黄板诱杀蚜虫、粉虱及蝇类害虫，每 20 米^2 悬挂 1 块，悬挂高度位于生长点上方 20 厘米，随着植株长高移动杀虫板的位置。

（2）杀虫灯　大规模生产基地可安装杀虫灯诱杀多种害虫。

（3）性诱剂　性诱剂主要是利用昆虫成虫性成熟时释放性信

息素引诱异性成虫的原理，将有机合成的昆虫性信息素化合物（简称性诱剂）用释放器释放到田间，通过干扰雌雄交配，减少受精卵数量，达到控制靶标害虫的目的。性诱剂成本低廉、操作简单，且无毒、无害、无污染。尤其对抗药性很强的斜纹夜蛾、小菜蛾、烟青虫等害虫，有化学农药无法比拟的优势，适于成方连片规模化菜田应用。应用时按产品说明书安装诱捕器，适时更换诱芯即可。

5. 生物措施

（1）利用天敌 应充分保护和利用害虫的天敌，如利用丽蚜小蜂防控粉虱。将商品蜂卡悬挂在作物中上部的枝杈上即可，7～10 天换 1 次卡，可防治白（烟）粉虱，寄生率可达 80%～90%。

（2）应用生物农药 如苏云金杆菌可用于防治直翅目、鞘翅目、双翅目、膜翅目，特别是鳞翅目的多种害虫如菜青虫、小菜蛾、烟青虫、棉铃虫等。广泛应用的生物农药还有氟啶脲、除虫脲、噻嗪酮、灭蝇胺等。菇类蛋白多糖、吗胍·乙酸铜等，具有抑制病菌、病毒感染，增强作物免疫力的能力。

6. 合理用药 黄瓜等生长期间每 667 米^2 用 25%嘧菌酯悬浮剂 100～200 毫升对水灌根，可预防多种病害。在低温湿度大时，选用烟熏剂或粉剂农药，可减少喷雾带来湿度增加的问题。对于蝼蛄、小地老虎等地下害虫的成虫，可用糖醋液诱杀，在成虫高发期前，用糖醋液（糖：醋：水＝1：2：15～20）按 0.1%的比例加入敌敌畏，或每 7.5～10 千克糖醋液加 15～20 克晶体敌百虫，进行诱杀，可大大减少喷药带来的环境和产品污染。

一旦发病，应尽早采取低毒低残留农药防治。为方便读者参考，本章第二节分别按病害和虫害名称的汉语拼音顺序列出了具体病虫害防治措施。

第二节　设施蔬菜主要病虫害的防治措施

一、主要病害防治

（一）白粉病

1. 危害蔬菜　黄瓜、西葫芦、辣椒、苦瓜、莴苣、西瓜等。

2. 典型症状　叶片布满白粉，菌丝老熟后变灰白色，最后叶片呈黄褐色干枯。茎和叶柄上也产生与叶片类似的病斑，密生白粉霉斑。

3. 防治措施　避免干旱，用36%硝苯菌酯乳油750倍液，或70%甲基硫菌灵可湿性粉剂800倍液，或10%苯醚甲环唑水分散粒剂1 500倍液，或25%嘧菌酯悬浮剂1 500倍液，或25%乙嘧酚悬浮剂800倍液，或30%氟菌唑可湿性粉剂2 000倍液，或4%四氟醚唑水乳剂2 000倍液，或1%蛇床子素水乳剂500倍液，或0.5%大黄素甲醚水剂1 000倍液等喷雾防治。7～10天喷1次，连喷2～3次，注意交替用药。

（二）靶斑病

1. 危害蔬菜　黄瓜、甜瓜、西瓜等。

2. 典型症状　多发生在结瓜盛期，以危害叶片为主，起初为黄色水渍状斑点，后期病斑中央有一明显的眼状靶心，湿度大时病斑上可生有稀疏灰黑色霉状物，呈环状。

3. 防治措施　可叶面喷施75%百菌清可湿性粉剂500～600倍液，或10%苯醚甲环唑水分散粒剂1 500倍液，或35%苯甲·咪鲜胺水乳剂750～1 500倍液，或325克/升苯甲·嘧菌酯悬浮剂1 500倍液喷施，还可选用45%百菌清烟剂熏烟，每次每667米^2 250克。7～10天防治1次，连续防治2～3次。

（三）斑枯病

1. 危害蔬菜 芹菜、香菜。

2. 典型症状 我国主要有大斑型和小斑型2种。大斑型初发病时，叶片产生淡褐色油渍状小斑点，后逐渐扩散，中央开始坏死。小斑型，大小0.5～2毫米，常多个病斑融合，边缘明显，病斑外常有一黄色晕圈。

3. 防治措施 用50%硫磺悬浮剂200～300倍液，或50%丙环唑可湿性粉剂5 000倍液，或50%多菌灵可湿性粉剂600～800倍液，或70%代森锰锌可湿性粉剂600倍液，或70%甲基硫菌灵可湿性粉剂800～1 000倍液，或75%百菌清可湿性粉剂500倍液叶面喷药防治，隔7～10天喷1次，连喷3次。

（四）病毒病

1. 危害蔬菜 西葫芦、甜瓜、番茄、辣椒、莴苣、油菜、豇豆、菜花、青花菜、萝卜、大葱等多种蔬菜。

2. 典型症状 病叶、病果出现不规则褪绿、浓绿与淡绿相间的斑驳，严重时病部除斑驳外，病叶和病果畸形皱缩，植株生长缓慢或矮化，结小果，果僵化。

3. 防治措施 选用抗病品种；用10%磷酸三钠溶液浸种20分钟；严防蚜虫、粉虱危害，番茄黄化曲叶病病毒由烟粉虱传播造成，重防烟粉虱；整枝摘果病健分开，防止人为传播。发病初期喷洒0.5%菇类蛋白多糖水剂200～300倍液，或20%盐酸吗啉胍可湿性粉剂300倍液，或20%吗胍·乙酸铜可湿性粉剂300～500倍液加1.8%复硝酚钠水剂6 000倍液喷雾。7～10天1次，连喷2～3次，注意交替用药。

（五）猝倒病

1. 危害蔬菜 黄瓜、西葫芦、番茄、辣椒、球茎茴香、青花菜等多种蔬菜。

2. 典型症状 苗期病害。幼苗大多从茎基部感病，初为水渍

状，并很快扩展、缢缩变细如“线”样，病部不变色或呈黄褐色，病势发展迅速，在子叶仍为绿色、萎蔫前即从茎基部（或茎中部）倒伏而贴于床面。

3. 防治措施　用72.2%霜霉威水剂800倍液，或64%噁霜·锰锌可湿性粉剂500倍液，或68%精甲霜·锰锌水分散粒剂500～600倍液，或70%乙铝·锰锌可湿性粉剂500倍液，或72%霜脲·锰锌可湿性粉剂800倍液，或58%甲霜·锰锌可湿性粉剂500倍液，或70%噁霉灵可湿性粉剂1 500倍液，或30%甲霜·噁霉灵水剂2 000倍液对秧苗进行喷淋或淋灌。注意交替用药，7～10天喷1次，连喷2～3次。

（六）根腐病

1. 危害蔬菜　辣椒、番茄、黄瓜、甜瓜、香菜等多种蔬菜。

2. 典型症状　苗期危害为主。根部腐烂，新叶发黄，之后中午前后植株萎蔫，夜间又能恢复。进一步发展，夜间也不能恢复，整株叶片发黄、枯萎。根皮变褐，并与髓部分离，最后全株死亡。

3. 防治措施　可用70%噁霉灵可湿性粉剂1 200～1 500倍液，或30%甲霜·噁霉灵水剂1 500～2 000倍液，定植前土壤消毒及定植后灌根。

（七）灰霉病

1. 危害蔬菜　西葫芦、番茄、茄子、辣椒、脆瓜、菠菜、莴苣、大葱、豇豆、韭菜等。

2. 典型症状　花、果、叶、茎均可发病。叶片发病从叶尖开始，沿叶脉间呈“V”形向内扩展，灰褐色，边有深浅相间的纹状线，病健交界分明。果实染病，青果受害重，残留的柱头或花瓣多先被侵染，后向果实扩展，致使果皮呈灰白色，并生有厚厚的灰色霉层，呈水腐状。

3. 防治措施　降低空气湿度，待药剂处理后菌丝消失再摘除病叶和病果，不要让菌丝散落造成交叉感染。也可采取变温处理的方法防治，选择晴天上午进行，先将棚室温度降至25℃以下，关闭风口升温，温度上升至32℃～35℃时保持2个小时，然后再将风口打开，温度下降至25℃时关闭风口，升温至32℃～35℃时保持2个小时，连续处理3天。药剂防治可使用15%腐霉利烟剂于傍晚密闭熏棚，每667米^{2}制剂用量200～300克，翌日早晨放风。也可用50%腐霉利可湿性粉剂1000倍液，或70%嘧霉胺水分散粒剂1500倍液，或50%甲基硫菌灵可湿性粉剂500倍液，或50%乙烯菌核利可湿性粉剂1000～1500倍液，或500克/升异菌脲悬浮剂1000倍液，或65%甲硫·乙霉威可湿性粉剂600倍液，或50%啶酰菌胺水分散粒剂1500倍液，或每667米^{2}用42.8%氟菌·肟菌酯悬浮剂20～30毫升对水叶面喷施。7～10天1次，连续防治2～3次。另外，番茄等在蘸花药液中加入1%的50%乙霉威可湿性粉剂或40%嘧霉胺悬浮剂，或防落素2千克药液＋2.5%咯菌腈悬浮种衣剂10毫升喷花、蘸花；幼果期采用50%咯菌腈可湿性粉剂3000倍液喷幼果，可杀灭花萼和幼果上的灰霉病菌，防止果实染病。

（八）黄萎病

1. 危害蔬菜 茄子。

2. 典型症状 茄子发生此病又称半边疯。苗期可染病，多在坐果后表现症状，一般自下向上发展。初期叶缘及叶脉间出现褪绿斑，晴天中午呈萎蔫状，早晚恢复；经一段时间后不再恢复，叶缘上卷变褐脱落，病株枯死，叶片大量脱落呈光秆。剖视病茎，维管束变褐。有时植株半边发病，呈半边疯或半边黄状。

3. 防治措施 根本措施是嫁接。若未嫁接，发病初期用30%噁霉灵水剂600倍液，或38%噁霜·菌酯水剂800倍液，或50%琥胶肥酸铜可湿性粉剂350倍液，或70%甲基硫菌灵可湿性粉剂700倍液，或50%多菌灵可湿性粉剂500倍液，或50%苯菌灵可湿性粉剂1000倍液等灌根，每株灌配好的药液0.5升。

(九)黑斑病

1. 危害蔬菜　结球甘蓝、青花菜、油菜、莴苣、大葱等。

2. 典型症状　叶片受害，出现圆形褐色至灰褐色病斑，病斑周围常有黄色晕圈，具有同心轮纹。潮湿时病斑背面可产生黑色霉状物。

3. 防治措施　用50%异菌脲可湿性粉剂1 500倍液，或50%多菌灵可湿性粉剂500倍液，或50%甲基硫菌灵可湿性粉剂500倍液，或64%噁霜·锰锌可湿性粉剂500倍液。7～10天喷1次，连喷2～3次。

(十)黑腐病

1. 危害蔬菜　甘蓝、花椰菜、青花菜、萝卜等。

2. 典型症状　主要危害叶和根。多从叶缘发生，再向内延伸呈"V"形的黄褐色枯斑。叶脉变黑呈网纹状，可引起菜株萎蔫。剖开球茎可见到导管变黑色。湿度大时，病部腐烂，但没有臭味。萝卜上可引起根髓变黑腐烂。

3. 防治措施　发病初期用14%络氨铜水剂600倍液，或77%氢氧化铜可湿性粉剂500倍液，或72%硫酸链霉素可溶性粉剂4 000倍液喷雾。7～10天喷1次，连喷2～3次。

(十一)灰叶斑病

1. 危害蔬菜　番茄、辣椒等。

2. 典型症状　只危害叶片，发病初期叶面布满暗色圆形或不正圆形小斑点，后沿叶脉向四周扩大，呈不规则形，中部渐褪为灰白色至灰褐色。病斑稍凹陷，多较小，直径2～4毫米，极薄，后期易破裂、穿孔或脱落。

3. 防治措施　可用75%百菌清可湿性粉剂600倍液，或10%苯醚甲环唑水分散粒剂1 500倍液，或80%代森锰锌可湿性粉剂600倍液，或25%嘧菌酯悬浮剂1 500倍液，或32.5%阿米妙收悬浮剂(20%嘧菌酯和12.5%苯醚甲环唑)1 200倍液等喷雾防治，以上药剂交替使用。

（十二）茎基腐病

1. 危害蔬菜 番茄、辣椒、茄子、黄瓜等。

2. 典型症状 主要危害茎基部，病部开始为暗褐色，皮层腐烂，绕茎基部一圈，地上部叶片变黄、萎蔫，后期整株枯死。

3. 防治措施 定植时避免高温和浇水量过大。定植封垄前用福美双加甲霜灵或多菌灵配制成200倍的毒土顺定植沟撒施。发现病株后，用福美双加代森锰锌配成200倍液涂抹发病部位，并用药土在病株基部覆堆，把病部埋上，促其在病部上方长出不定根。还可用68%精甲霜·锰锌水分散粒剂600倍液，或72.2%霜霉威水剂600倍液，或25%双炔酰菌胺悬浮剂1000倍液喷雾或淋灌，上述药液中可按0.1%的比例加入72%硫酸链霉素可溶性粉剂或3%中生菌素可湿性粉剂。5～7天喷1次，连喷2～3次。

（十三）菌核病

1. 危害蔬菜 番茄、茄子、辣椒、球茎茴香、芥蓝、芫荽、茴香等。

2. 典型症状 主要危害茎、叶和果实。茎染病，初生水渍状斑，后变为淡褐色病斑，常造成茎基软腐或纵裂。叶片染病，出现灰色至灰褐色湿腐状大斑，叶片腐烂。果实染病，初现水渍状斑，扩大后呈湿腐状。湿度大时病部表面生出白色棉絮状菌丝体。发病后期病部表面现数量不等的黑色鼠粪状菌核。

3. 防治措施 用40%菌核净可湿性粉剂500倍液，或50%腐霉利可湿性粉剂800倍液，或65%甲硫·乙霉威可湿性粉剂1000倍液，或40%嘧霉胺悬浮剂1000倍液喷雾防治。每7～10天喷洒1次，连喷2次。也可每667米^{2}用15%腐霉利烟剂250～500克熏棚。

（十四）枯萎病

1. 危害蔬菜 甜瓜、黄瓜、西瓜、番茄等。

2. 典型症状 植株叶片萎蔫，茎蔓基部稍缢缩，表皮粗糙，常有纵裂，潮湿时根茎部呈水渍状腐烂，病株维管束变褐色。

3. 防治措施 土传病害，根本措施是嫁接。未嫁接的，发病初期用萎菌净(以枯草芽孢杆菌 NCD-2 菌株为有效成分的微生物农药)可湿性粉剂 400 倍液，或 60%琥铜·乙膦铝可湿性粉剂 350 倍液灌根，每株 100 毫升。或用 50%甲基硫菌灵可湿性粉剂 400 倍液，或 50%多菌灵可湿性粉剂 500～600 倍液灌根，每株 0.25 千克药液。注意交替用药，10 天防治 1 次，连续防治 2～3 次。

(十五)溃疡病

1. 危害蔬菜 甜瓜、番茄等。

2. 典型症状 果实上出现了大量的泡泡，中间有针尖大小的黑点。病斑似鸟的眼睛，后期果肉腐烂，有的幼果皱缩停长。

3. 防治措施 用 47%春雷·王铜可湿性粉剂 800 倍液，或 77%氢氧化铜可湿性粉剂 2 000 倍液，或 72%硫酸链霉素可溶性粉剂 4 000 倍液，或 46%氢氧化铜水分散粒剂 800 倍液喷雾，或 20%噻森铜悬浮剂 500 倍液喷雾。注意交替用药，7～10 天喷 1 次，连喷 2～3 次。

(十六)青枯病

1. 危害蔬菜 番茄、辣椒等。

2. 典型症状 植株迅速萎蔫、枯死，茎叶仍保持绿色。病茎的褐变部位用手挤压，有乳白色菌液排出。

3. 防治措施 发现病株，立即拔除烧毁，并用 20%石灰水对周围土壤消毒。发病初期用 77%氢氧化铜可湿性粉剂 400 倍液，或 72%硫酸链霉素可溶性粉剂 4 000 倍液，或 25%络氨铜水剂 500 倍液灌根，每株 300～500 克。病情严重时，用 560 克/升嘧菌·百菌清悬浮剂 50 毫升＋15%噁霉灵可湿性粉剂 15 克或 36%甲霜·锰锌可湿性粉剂 25 克或 20%叶枯唑可湿性粉剂 20 克灌根、喷雾。

(十七)软腐病

1. 危害蔬菜 大白菜、甘蓝、芥蓝、芹菜、樱桃萝卜、大蒜等。

2. 典型症状 叶片、叶柄基部或茎基部产生水渍状病斑,淡灰黄色至淡褐色,黏稠湿腐,呈烂泥状,有恶臭味。

3. 防治措施 适期播种,发现病株,及时连根清除深埋,并在病穴撒石灰消毒,以减少病菌随水传播,控制土壤湿度。发病初期可用77%氢氧化铜可湿性粉剂400～600倍液,或20%叶枯唑可湿性粉剂500倍液,或72%硫酸链霉素可溶性粉剂5 000倍液,或38%噁霜·菌酯水剂800倍液,或50%代森铵水剂600～800倍液喷雾及灌根。注意交替用药,7～10天防治1次,共防治2～3次。

(十八)霜霉病

1. 危害蔬菜 黄瓜、西葫芦、甜瓜、大白菜、菠菜、莴苣、油菜、大葱、花椰菜、萝卜等。

2. 典型症状 主要危害叶片,发病初期叶片叶脉间出现淡黄色斑块,继续发展后出现受叶脉限制而形成多角形黄色斑块,叶背呈霜霉状。

3. 防治措施 控湿、闷棚与药剂防控相结合。控制空气相对湿度在70%以下,这是避免霜霉病最有效的途径。闷棚的方法是:选晴天进行,前一晚浇水,第二天上午闷棚,在瓜秧生产点附近挂温度计,在温度达到40℃开始计时(期间温度保持在40℃～42℃),约2小时后将风口由小到大逐渐打开降温,应避免风口一次性打开过大导致闪苗。发病初期用45%百菌清烟雾剂(每667米^{2}制剂用量150～250克)傍晚密闭烟熏,翌日早晨通风。用72%霜脲·锰锌可湿性粉剂400～600倍液,或72.2%霜霉威水剂800倍液,或25%嘧菌酯悬浮剂1 500倍液,或50%烯酰吗啉可湿性粉剂600倍液,或68.75%氟菌·霜霉威悬浮剂500～600倍液,或68%精甲霜·锰锌水分散粒剂500～600倍液,或100

克/升氰霜唑悬浮剂 1 000 倍液，或 66.8%丙森·缬霉威可湿性粉剂 600～800 倍液等叶面喷雾。注意交替用药，每隔 7 天防治 1 次。

（十九）炭疽病

1. 危害蔬菜　黄瓜、甜瓜、辣椒、苦瓜、西瓜等。

2. 典型症状　幼苗发病，多在子叶边缘出现半椭圆形淡褐色病斑，上有橙黄色点状胶质物。成株叶片染病，病斑灰褐色至红褐色，严重时，叶片干枯。果实染病，病斑近圆形，初为淡绿色，后呈黄褐色，病斑稍凹陷，表面有粉红色黏稠物，后期开裂。

3. 防治措施　可用 80%福·福锌可湿性粉剂 800 倍液，或 25%嘧菌酯悬浮剂 1 500 倍液，或 325 克/升苯甲·嘧菌酯悬浮剂 1 500 倍液，或 70%甲基硫菌灵可湿性粉剂 1 000 倍液，或 25%咪鲜·多菌灵可湿性粉剂 600 倍液，或 75%百菌清可湿性粉剂 600 倍液，或 10%苯醚甲环唑水分散粒剂 3 000 倍液喷雾防治。注意交替用药，7～10 天喷 1 次，连喷 2～3 次。

（二十）晚疫病

1. 危害蔬菜　番茄、茄子、脆瓜、苦瓜、芹菜、韭菜等。

2. 典型症状　叶片染病多从下部叶片开始，形成暗绿色水渍状边缘不明显的病斑，扩大后呈褐色，果实质地硬实而不软腐，潮湿时，患病部可长出白色霉状物。

3. 防治措施　用 70%百菌清可湿性粉剂 600 倍液，或 25%嘧菌酯悬浮剂 1 500 倍液，可起到预防作用。发现中心病株时，及时全面喷药防治。药剂救治可用 64%噁霜·锰锌可湿性粉剂 500 倍液，或用 72%霜脲·锰锌可湿性粉剂 500～600 倍液，或 69%烯酰·锰锌可湿性粉剂 500～600 倍液，或 100 克/升氰霜唑悬浮剂 1 000 倍液，或 25%嘧菌酯悬浮剂 1 500 倍液，或 80%代森锰锌可湿性粉剂 500 倍液，或 68%精甲霜·锰锌水分散粒剂 600 倍液，或 69%烯酰·锰锌可湿性粉剂 600 倍液叶面喷雾。间隔 7～

10 天喷药 1 次，连喷 2 次。

(二十一)蔓 枯 病

1. 危害蔬菜　苦瓜、西瓜、甜瓜、西葫芦、黄瓜等。

2. 典型症状　茎、叶、瓜及卷须等地上部受害，不危害根部。茎部多在茎基部和节部感病，病部初生油渍状椭圆形病斑，后变白色，流胶，密生小黑点，可引起瓜秧枯死，但维管束不变色。叶片多从边缘发病，形成黄褐色或灰白色扇形大病斑，其上密生小黑点，干燥后，易破碎。

3. 防治措施　发病初期用 50%甲基硫菌灵可湿性粉剂 500 倍液，或 70%百菌清可湿性粉剂 600 倍液，或 50%多菌灵可湿性粉剂 1 000 倍液，或 38%噁霜・菌酯水剂 800～1 000 倍液，或 25%溶菌灵可湿性粉剂 800 倍液，或 25%咪鲜胺乳油 1 000 倍液，或 42.8%氟菌・肟菌酯悬浮剂 1 500 倍液，或 560 克/升嘧菌・百菌清悬浮剂 800 倍液淋灌、涂茎、喷雾防治。

(二十二)细菌性角斑病

1. 危害蔬菜　黄瓜、甜瓜等。

2. 典型症状　叶片受害，初为水渍状浅绿色后变淡褐色，后期病斑呈灰白色，易穿孔。茎及瓜条上的病斑初呈水渍状，潮湿时产生菌脓。果实后期腐烂，有臭味。

3. 防治措施　控湿的同时，采用 47%春雷・王铜可湿性粉剂 500 倍液，加 25%嘧菌酯悬浮液 1 500 倍液混合叶面喷施，或 46%氢氧化铜水分散粒剂 100 倍液，或 100 万单位的医用硫酸链霉素 500 倍液防治，或 20%噻森铜悬浮剂 500 倍液，或 3%中生菌素可湿性粉剂 600～800 倍液喷施，或 2%春雷霉素水剂 400～500 倍液喷雾。注意交替用药，7～10 天喷 1 次，连喷 2～3 次。

(二十三)细菌性果腐病

1. 危害蔬菜　西瓜、甜瓜等。

2. 典型症状　主要在子叶、真叶、枝蔓、果实上表现症状。幼

苗期，子叶出现水渍状黄色小点，并伴有黄色晕圈，随子叶和真叶生长，沿叶脉扩展成黑褐色坏死斑，严重时，幼苗生长点亦干褐枯死。真叶上呈水渍状病斑，将沿叶脉扩展成暗棕色角斑或不规则坏死大斑。湿度大时，叶背上的病斑将会分泌出菌脓，干涸后成灰白色菌膜残留叶上，病叶枯黄很少脱落。叶柄、枝蔓上也会染病。病果首先在果皮上出现直径几毫米的水渍状凹陷斑点，此后病斑迅速扩展，边缘不规则，呈暗绿色，后逐渐加深成褐色，果面病斑扩大汇合成片状大斑块病区，果实出现腐烂。严重时，果实表面病斑出现龟裂，并溢出黏稠、透明、琥珀色的菌脓。

3. 防治措施　加强种子检疫。发病初期用20%噻森铜悬浮剂500倍液，或47%春雷·王铜可湿性粉剂600倍液，或46%氢氧化铜水分散粒剂1 500倍液，或20%叶枯唑可湿性粉剂750倍液喷雾。注意交替用药，7～10天喷1次，连喷2～3次。

(二十四)叶霉病

1. 危害蔬菜　黄瓜、番茄、茄子、辣椒等。

2. 典型症状　发病初期，叶面出现椭圆形或不规则淡黄色褪绿病斑，叶背面初生白霉层，随病情扩展，病斑多从下部叶片开始逐渐向上蔓延，严重时可引起全叶干枯卷曲，植株呈黄褐色干枯状。果实染病后，果蒂部附近形成圆形黑色病斑，并且硬化稍凹陷，造成果实大量脱落。

3. 防治措施　加强通风排湿，减少叶面结露。发现病株立即进行全棚防治。可用75%百菌清可湿性粉剂500倍液，或25%嘧菌酯悬浮剂1 500倍液，或68%精甲霜·锰锌水分散粒剂600倍液，或10%苯醚甲环唑可分散粒剂800倍液，或2%春雷霉素水剂500倍液，或80%代森锰锌可湿性粉剂500倍液，或36%三氯异氰尿酸可湿性粉剂1 000倍液，或42.8%氟菌·肟菌酯悬浮剂1 500倍液等进行叶面喷施。注意交替用药，每隔7～10天喷1次，连喷2～3次。

(二十五)叶 斑 病

1. 危害蔬菜 芹菜、芫荽等。

2. 典型症状 叶片病斑呈褐色至灰褐色,圆形或椭圆形至不规则形,湿度大时病部表面生灰白色霉层,严重时扩大汇合成斑块,终致整个叶片变黄枯死。

3. 防治措施 用75%百菌清可湿性粉剂600倍液,或50%多菌灵可湿性粉剂800倍液,或64%噁霜·锰锌可湿性粉剂500倍液,或65%代森锌可湿性粉剂600倍液。每隔7～10天喷1次,连喷2～3次。

(二十六)叶 枯 病

1. 危害蔬菜 大蒜。

2. 典型症状 初呈花白色小圆点,后扩大呈不规则形或椭圆形灰白色或灰褐色病斑,上部长出黑色霉状物,在上散生许多黑色小粒,危害严重时全株不抽薹。

3. 防治措施 在发病初期,可用50%甲基硫菌灵可湿性粉剂500倍液,或70%乙铝·锰锌可湿性粉剂500～700倍液,或2.5%咯菌腈悬浮种衣剂1200倍液,或64%噁霜·锰锌可湿性粉剂600倍液喷雾。注意交替用药,5～7天喷1次,连喷2～3次。

(二十七)早 疫 病

1. 危害蔬菜 番茄、茄子、辣椒等。

2. 典型症状 初期叶片呈水渍状暗绿色病斑,扩大后呈圆形或不规则轮纹斑,边缘具有浅绿色或黄色晕环,中部具同心轮纹,潮湿时病部长出黑色霉层。主要症状是病部有同心轮纹。

3. 防治措施 预防选用75%百菌清可湿性粉剂600倍液,或25%嘧菌酯悬浮剂1500倍液,或80%代森锰锌可湿性粉剂500倍液。在发病初期,可用10%苯醚甲环唑水分散粒剂1500倍液,或50%异菌脲可湿性粉剂1000倍液,或70%代森锰锌可湿性粉剂500倍液,或58%甲霜·锰锌可湿性粉剂600倍液,或

64%噁霜·锰锌可湿性粉剂500倍液，或72.2%霜霉威水剂800～1 000倍液喷雾。注意交替用药，7～10天1次，连续防治2～3次。

（二十八）疫　病

1. 危害蔬菜　黄瓜、辣椒、番茄、马铃薯等。

2. 典型症状　表现为叶片出现病斑、幼苗猝倒、根茎及枝干腐烂等。植株受害部位产生边缘不明显的黑褐色水渍状病斑，可迅速引起病部坏死和腐烂，潮湿时，病部产生稀疏的白霉。

3. 防治措施　最根本的防治方法是控制环境，降低温室空气湿度。发病初期采用68%精甲霜·锰锌水分散粒剂600倍液，或25%嘧菌酯悬浮剂1 500倍液，或64%噁霜·锰锌可湿性粉剂500倍液，或72.2%霜霉威水剂800倍液，或72%克抗灵可湿性粉剂600倍液等喷雾。7～10天喷1次，连喷2～3次。

（二十九）银叶病

1. 危害蔬菜　西葫芦。

2. 典型症状　由烟粉虱危害引起。叶片、幼瓜及花器柄部、花萼变白，果实呈乳白色或白绿相间，丧失商品价值。

3. 防治措施　参见粉虱防治部分。

（三十）紫斑病

1. 危害蔬菜　大葱。

2. 典型症状　主要侵害叶片和花梗。发病初期，病斑小，略凹陷，后逐渐变大，椭圆形或梭形，褐色到紫色。潮湿时病斑上生黑色霉层，并有同心轮纹，病部易折断。

3. 防治措施　在发病初期，喷洒15%三唑酮可湿性粉剂2 000～2 500倍液，或20%萎锈灵乳油700～800倍液，或25%丙环唑乳油3 000倍液。10天左右喷1次，连喷2～3次。

（三十一）锈　病

1. 危害蔬菜　大葱、豇豆、韭菜。

2. 典型症状 多发生在较老的叶片上，初生黄白色的斑点，稍隆起，后逐渐扩大，最初在表皮上产生黄色小点，逐渐发展成为纺锤形或椭圆形隆起的橙黄色小疱斑，病斑周围常有黄色晕环。随着病害进展，与病斑相邻处出现新的长椭圆形至纺锤形斑点。斑点隆起后纵向破裂，散出紫褐色粉末(冬孢子)。重症植株的叶片和花梗，呈麦秆色干枯。

3. 防治措施 在发病初期，喷洒15%三唑酮可湿性粉剂2 000～2 500倍液，或20%萎锈灵乳油700～800倍液，或25%丙环唑乳油3 000倍液，或43%戊唑醇悬浮剂2 500～3 000倍液，或10%苯醚甲环唑水分散粒剂1 500倍液，或40%腈菌唑可湿性粉剂6 000～8 000倍液，或325克/升苯甲·嘧菌酯悬浮剂1 500倍液喷雾。注意交替用药，7～10天喷1次，连喷2～3次。

二、主要虫害防治

(一)斑潜蝇

1. 危害蔬菜 甜瓜、辣椒、大葱、黄瓜、番茄、茄子、豇豆、西瓜、韭菜等。

2. 危害特点 属于双翅目潜蝇科害虫，成虫、幼虫均可危害。雌成虫飞翔把植物叶片刺伤，进行取食和产卵，幼虫潜入叶片和叶柄危害，产生不规则蛇形白色虫道，叶绿素被破坏，影响光合作用，严重的造成毁苗。

3. 防治措施 幼虫期用1.8%阿维菌素乳油3 000倍液，或75%灭蝇胺可湿性粉剂4 000倍液，或5%氟虫腈悬浮剂2 500～3 000倍液喷雾防治。7～10天喷1次，连喷2～3次。

(二)菜青虫

1. 危害蔬菜 球茎茴香、甘蓝、花椰菜、番茄、芥蓝、萝卜、樱桃萝卜、莴苣、青花菜、油菜、花椰菜等。

2. 危害特点 成虫为菜粉蝶，主要危害十字花科蔬菜，尤其

喜食甘蓝和花椰菜。一至二龄幼虫在叶背啃食叶肉，三龄以上的幼虫食量明显增加，把叶片吃成孔洞或缺刻，严重时吃光叶片，仅剩叶脉和叶柄，影响植株生长发育和包心，影响商品价值。

3. 防治措施 利用性诱剂、杀虫灯诱杀。孵化盛期选用5%氟啶脲乳油2500倍液喷雾。防治高龄幼虫，可用2.5%高效氯氟氰菊酯乳油5000倍液，或10%联苯菊酯乳油1000倍液，或0.5%芦藜碱醇溶液1000倍液，或8000国际单位/微升苏云金杆菌悬浮剂1000倍液，或20亿PIB/毫升甘蓝夜蛾核型多角体病毒悬浮剂1500倍液喷雾防治。7～10天喷1次，连喷2～3次。

(三)茶黄螨

1. 危害蔬菜 茄子、辣椒、甜瓜、豇豆、黄瓜等。

2. 危害特点 以成螨和幼螨集中在蔬菜幼嫩部分刺吸危害。受害叶片背面呈灰褐色或黄褐色，油渍状，叶片边缘向下卷曲；受害嫩茎、嫩枝变黄褐色，扭曲变形，严重时植株顶部干枯；果实受害果皮变成黄褐色。

3. 防治措施 消灭越冬虫源，铲除田边杂草，清除残株败叶。药剂可用20%哒螨灵可湿性粉剂1500倍液，或73%炔螨特乳油2000～3000倍液，或10%吡虫啉可湿性粉剂1000～1500倍液，或15%哒螨灵乳油1500倍液喷雾防治。7～10天喷1次，连喷2～3次。

(四)葱地种蝇

1. 危害蔬菜 大葱、小葱、洋葱、大蒜、青蒜、韭菜等。

2. 危害特点 蛹在土中或粪堆中越冬，5月上旬为成虫盛期，卵成堆产在葱叶、鳞茎和周围1厘米深的表土中。以幼虫蛀入葱、蒜等鳞茎，引起腐烂、叶片枯黄、萎蔫，甚至成片死亡。

3. 防治措施 使用充分腐熟的粪肥，在成虫发生期，用红糖∶醋∶水比例为1∶1∶2.5的诱液加少量锯末和敌百虫，放入诱集盒内，每天在成虫活动盛期打开盒盖，诱杀成虫。用2.5%溴氰菊酯乳油 3 000 倍液，或 40%辛硫磷乳油 800 倍液，或 90%敌百虫晶体 1 000 倍液喷雾防治。7 天喷 1 次，连喷 2～3 次。

（五）豆荚螟

1. 危害蔬菜 豇豆、菜豆等豆类蔬菜。

2. 危害特点 以幼虫蛀荚危害。幼虫孵化后在豆荚上结一白色薄丝茧，从茧下蛀入荚内取食豆粒，造成瘪荚、空荚，也可危害叶柄、花蕾和嫩茎。

3. 防治措施 用 5%氯虫苯甲酰胺悬浮剂 1 500 倍液，或 20%氟虫双酰胺水分散粒剂 3 000 倍液喷雾。注意交替用药，7～10 天喷 1 次，连喷 2～3 次。

（六）粉虱

1. 危害蔬菜 黄瓜、西葫芦、甜瓜、番茄、茄子、辣椒、脆瓜、芹菜、豇豆、西瓜等。

2. 危害特点 有白粉虱和烟粉虱。成虫和若虫群集于叶背吸食汁液，分泌蜜露诱发煤污病，传播病毒病等。其中，烟粉虱还可以在 30 种作物上传播 70 种以上的病毒病。

3. 防治措施 风口处使用 40～60 目防虫网隔离。吊黄板诱杀，每 667 米^2 30 个左右，悬挂在植株顶部 20 厘米处。使用丽蚜小蜂（详见全程防控部分）。每 667 米^2 用 22%敌敌畏烟剂 0.5 千克，于傍晚将棚室密闭烟熏，可杀灭成虫。药剂可用 10%吡虫啉可湿性粉剂 1 500 倍液，或 25%噻虫嗪水分散粒剂 2 000～3 000 倍液，或 20%噻嗪酮乳油 1 000 倍液，或 22.4%螺虫乙酯悬浮剂 3 000 倍液叶面喷施。根据药剂持效期，视病害发生程度，连续喷防 2～3 次。

（七）瓜绢螟

1. 危害蔬菜 甜瓜、黄瓜、西瓜等。

2. 危害特点 又名瓜螟，幼龄幼虫在瓜类的叶背取食叶肉，使叶片呈灰白斑，三龄后吐丝将叶或嫩梢缀合，匿居其中取食，使

叶片穿孔或缺刻，严重时仅剩叶脉，直至蛀入果实和茎蔓危害，严重影响瓜果产量和质量。

3. 防治措施　可用5%氯虫苯甲酰胺悬浮剂3 000倍液，或150克/升茚虫威悬浮剂2 500倍液，或用20%氟虫双酰胺水分散粒剂4 000倍液喷雾。注意交替用药，7～10天喷1次，连喷2～3次。

(八)瓜实蝇

1. 危害蔬菜　黄瓜、苦瓜、甜瓜等。

2. 危害特点　成虫产卵管刺入幼瓜表皮内产卵，幼虫孵化后即在瓜内蛀食，受害的瓜先局部变黄，而后全瓜腐烂变臭，造成大量落瓜，即使不腐烂，刺伤处凝结着流胶，畸形下陷，果皮硬实，瓜味苦涩，严重影响瓜的品质和产量。

3. 防治措施　规模种植，宜安装频振式杀虫灯诱杀。也可用敌敌畏糖醋液诱杀成虫，减少虫源。被瓜实蝇蛀食和造成腐烂的瓜，应进行消毒后集中深埋。用25%氰戊菊酯乳油8 000倍液，或40%毒死蜱乳油1 000倍液喷雾防治。

(九)根结线虫

1. 危害蔬菜　番茄、黄瓜、西瓜、白菜、萝卜等。

2. 危害特点　幼虫呈细长蠕虫状。雄成虫线状，尾端稍圆，无色透明，雌成虫梨形，多埋藏在寄主组织内。卵囊通常为褐色，表面粗糙，常附着许多细小的沙粒。主要危害各种蔬菜的根部，表现为侧根和须根较正常增多，并在幼根的须根上形成球形或圆锥形大小不等的白色根瘤，有的呈念珠状。被害株地上部生长矮小、缓慢，叶色异常，结果少，产量低，甚至造成植株提早死亡。

3. 防治措施　必须严格预防。选用无虫土育苗，清除带虫残体，带虫根晒干后应烧毁；深翻土壤，将表土深翻至25厘米以下，压低虫口密度，可减轻虫害发生。采取轮作、高温闷棚措施对线虫有抑制作用。药剂可用1.8%阿维菌素乳油3 000倍液灌根，每株300毫升。

(十)红 蜘 蛛

1. 危害蔬菜 西葫芦、茄子、西瓜。

2. 危害特点 成螨长0.42～0.52毫米，体色变化大，一般为红色，梨形，体背两侧各有黑长斑一块。雌成螨深红色，体两侧有黑斑，椭圆形。口器刺入叶片内吮吸汁液，使叶绿素受到破坏，叶片呈现灰黄点或斑块，叶片橘黄色、脱落，甚至落光。

3. 防治措施 用10%联苯菊酯乳油3000倍液，或25%灭螨猛可湿性粉剂1000倍液，或1.8%阿维菌素乳油2000倍液，或5%噻螨酮可湿性粉剂1500～2000倍液叶面喷雾防治，喷药要均匀，注意叶片背面也要喷到。

(十一)黄条跳甲

1. 危害蔬菜 青花菜、白菜、甘蓝、萝卜等。

2. 危害特点 幼虫体长近4毫米，长圆筒形，黄白色，生有细毛。成虫咬食叶片成无数小孔，影响光合作用，严重时致整株菜苗枯死。幼虫在土中危害菜根，蛀食根皮等，咬断须根，严重者造成植株地上部叶片萎蔫枯死。该虫除直接危害菜株外，还可传播细菌性软腐病和黑腐病，造成更大的危害。

3. 防治措施 清洁田园，深翻晒土，铺设地膜，避免成虫把卵产在根上。用16000国际单位/毫克苏云金杆菌可湿性粉剂2000倍液，或2.5%高效氯氟氰菊酯乳油1000倍液，或52.25%拟除虫菊酯乳油1000倍液喷雾，注意交替用药。

(十二)蓟 马

1. 危害蔬菜 黄瓜、茄子、辣椒、番茄、甜瓜等。

2. 危害特点 体微小，体长0.5～2毫米，很少超过7毫米，黑色、褐色或黄色。以成虫和若虫锉吸植株幼嫩组织(枝梢、叶片、花、果实等)汁液，被害的嫩叶、嫩梢变硬卷曲枯萎，植株生长缓慢，节间缩短。幼嫩果实(如茄子、黄瓜、西瓜等)被害后会硬

化，严重时造成落果，严重影响产量和品质。

3. 防治措施　挂蓝色诱虫板，每 667 米^2 挂 30～40 块，诱杀蓟马。可选择 25%吡虫啉可湿性粉剂 2 000 倍液，或 5%啶虫脒可湿性粉剂 2 500 倍液，或 25%噻虫嗪水分散粒剂 5 000～6 000 倍液，或 3%阿维菌素乳油 3 000 倍液，或 60 克/升乙基多杀菌素悬浮剂 1 000 倍液，或 10%溴氰虫酰胺可分散油悬浮剂 1 500 倍液喷雾。交替用药，7～10 天喷 1 次，连喷 2～3 次。

（十三）蝼　蛄

1. 危害蔬菜　喜食各种蔬菜。

2. 危害特点　地下害虫，身体梭形，体长圆形，淡黄褐色或暗褐色，全身密被短小软毛。蝼蛄成虫和若虫在土中咬食刚播下的种子和幼芽，或将幼苗根、茎部咬断，使幼苗枯死，受害的根部呈乱麻状。蝼蛄在地下活动，将表土穿成许多隧道，使幼苗根部透风和土壤分离，造成幼苗因失水干枯致死，缺苗断垄，严重的甚至毁种，使蔬菜大幅度减产。

3. 防治措施　蝼蛄发生危害期，在田边或村庄利用黑光灯、白炽灯诱杀成虫，以减少田间虫口密度。结合田间操作，对新拱起的蝼蛄隧道，采用人工挖洞捕杀虫、卵。可用敌百虫毒饵防治。方法是将麦麸、豆饼、秕谷等炒香，将饵料重量 0.5%～1%的 90%晶体敌百虫用少量温水溶解，倒入饵料中拌匀，再根据饵料干湿程度加适量水，拌至用手一攥稍出水即成。制成的毒饵限当日撒施，每 667 米^2 施毒饵 1.5～2.5 千克，于傍晚时撒在已出苗的菜地或苗床的表土上，或随播种、移栽定植时撒于播种沟或定植穴内。

（十四）潜 叶 蝇

1. 危害蔬菜　黄瓜、番茄、芹菜、樱桃萝卜、豇豆、韭菜等。

2. 危害特点　潜叶蝇属于双翅目蝇类，具有舐吸式口器类型，以幼虫危害植物叶片，幼虫往往钻入叶片组织中，潜食叶肉组织，造成叶片呈现不规则白色条斑，使叶片逐渐枯黄。危害严重时被害植株叶黄脱落，甚至死苗。

3. 防治措施 用75%灭蝇胺可湿性粉剂4 000倍液，或25%灭幼脲悬浮剂1 000倍液，或3%阿维菌素乳油3 000倍液叶面喷施，喷施时要将叶片正面和背面都喷透。

（十五）甜菜夜蛾、甘蓝夜蛾、小菜蛾

1. 危害蔬菜 大白菜、莴苣、青花菜、油菜、大葱、甘蓝等。

2. 危害特点 集中于叶背，吐丝结网，在其内取食叶肉，留下表皮，成透明的小孔。三龄后昼伏夜出，有假死性，可将叶片吃成孔洞或缺刻，严重时仅余叶脉和叶柄，致甜菜苗死亡，造成缺苗断垄，甚至毁种。

3. 防治措施 大面积露地可用杀虫灯、性诱剂防控。农药可用8 000国际单位/微升苏云金杆菌可湿性粉剂1 000倍液，或5%氟啶脲乳油2 500倍液，或52.25%高氯·毒死蜱乳油1 000倍液，或90%晶体敌百虫1 000～1 500倍液，连喷2～3次。并注意交替用药，以提高药效。

（十六）蜗牛、野蛞蝓

1. 危害蔬菜 大白菜。

2. 危害特点 蜗牛有甲壳，形状像小螺，颜色多样化，头有4个触角，北方野生种类一般只有不到1厘米。野蛞蝓长梭形，柔软、光滑而无外壳，体表暗黑色、暗灰色、黄白色或灰红色。以植物叶和嫩芽为食，影响商品价值，最喜食萌发的幼芽及幼苗，造成缺苗断垄。

3. 防治措施 用70%贝螺杀可湿性粉剂1 000倍液，或硫酸铜800～1 000倍液，或氨水10～100倍液，或1%食盐水喷洒防治，或每667米^{2}用6%多聚乙醛颗粒剂500克均匀撒施。

（十七）蚜　虫

1. 危害蔬菜 黄瓜、西葫芦、甜瓜、番茄、茄子、辣椒、脆瓜、苦

瓜、芹菜、球茎茴香、大白菜、菠菜、芥蓝、樱桃萝卜、萝卜、青花菜、甘蓝、豇豆、西瓜、菜花、韭菜等。

2. 危害特点　俗称腻虫或蜜虫。隶属于半翅目(蚜虫主要分布在北半球温带地区和亚热带地区,繁殖很快。以成虫、若虫聚集在叶背及嫩茎吸食汁液危害,造成叶片卷缩,植被萎蔫甚至枯死。

3. 防治措施　在放风口处全部加盖30目防虫网,棚内悬挂黄板,每667米^{2}悬挂20～25块。药剂可用70%吡虫啉水分散粒剂7 000～8 000倍液,或0.3%苦参碱水剂500～1 000倍液,或5%天然除虫菊素乳油1 000～3 000倍液,或0.3%印楝素乳油400倍液,或25%噻虫嗪水分散粒剂3 000倍液,或10%氯噻啉可湿性粉剂1 000倍液喷雾,或每667米^{2}用10%异丙威烟剂300～400克熏烟。7～10天1次,注意交替用药。